勇闯数学世界

心心向荣 / 著　姜敏 / 绘

中信出版集团 | 北京

图书在版编目（CIP）数据

数学西游．勇闯数学世界 / 心心向荣著；姜敏绘
. -- 北京：中信出版社，2022.6（2023.1 重印）
ISBN 978-7-5217-3747-9

Ⅰ.①数… Ⅱ.①心… ②姜… Ⅲ.①数学－儿童读物 Ⅳ.① O1-49

中国版本图书馆 CIP 数据核字（2021）第 225499 号

数学西游·勇闯数学世界

著　　者：心心向荣
绘　　者：姜敏
出版发行：中信出版集团股份有限公司
（北京市朝阳区惠新东街甲4号富盛大厦2座　邮编　100029）
承 印 者：北京中科印刷有限公司

开　　本：889mm × 1194mm　1/16　　印　　张：10　　字　　数：180千字
版　　次：2022年6月第1版　　印　　次：2023年1月第2次印刷
书　　号：ISBN 978-7-5217-3747-9
定　　价：34.00元

出　　品：中信儿童书店
图书策划：好奇岛
策划制作：萌阅文化
策划编辑：鲍芳　王怡　杜雪
责任编辑：鲍芳
营销编辑：中信童书营销中心
封面设计：姜婷
封面绘制：庞旺财
内文排版：黄茜雯

引子

唐僧师徒四人取经归来后，就在仙界过起了自由自在的神仙生活。突然有一天，三个徒弟发现：仙界里的神仙越来越少！二郎神和哪吒没了影儿，玉皇大帝和太上老君也不见了！三个徒弟慌了，忙去找唐僧："师父，仙界出了惊天案，定有妖精在捣乱！"唐僧听后笑弯了腰，且听他来破"大案"！

徒儿们，
注意了！

哈哈，我知道了！

哎哎，有了有了！

噢！老天！

目 录

一、惊天大案 1

二、数学世界 6

三、放羊人的办法 10

四、荒凉的大门 14

五、位置小精灵 19

六、数字五兄妹 24

七、数从哪里来 28

八、三个法官 33

九、好硬的规则 38

十、加减号小姐妹 43

十一、加减的含义 48

十二、国王驾到 52

十三、0 的含义 56

十四、智斗乌鸦（上） 60

十五、智斗乌鸦（下） 64

十六、奇异的四体村 69

十七、恐怖的圆柱 73

十八、正六边形的房间 77

十九、扔木珠游戏 81

二十、厉害了，师弟！ 85

二十一、超级动作秀 89

二十二、怎样表示 9+1 93

二十三、三个基本功 97

二十四、数怎样生存 101

二十五、要命的桥（上） 106

二十六、要命的桥（下） 110

二十七、唐僧的惨痛经历 114

二十八、规律是什么 118

二十九、繁华的二十村 122

三　十、二十村的训练营 126

三十一、数扣子的方法 131

三十二、发明新游戏 135

三十三、过草块（上） 140

三十四、过草块（下） 145

三十五、打开密码箱 150

一、惊天大案

“徒儿们，听好了，说出你们知道的最大的数。”唐僧慢悠悠地说。

悟空、八戒和沙僧坐在唐僧对面，三人想了很久，憋得脸红脖子粗。因为这个问题对他们来说，太难了！

最后，还是八戒先开的口：“猴哥三打白骨精，这个三……够大吧？”

唐僧想笑，又使劲憋了回去。

悟空皱着眉头、咬着牙：“八戒的武器是九齿钉耙，这九……够大吧？！”

唐僧点点头：“嗯，不错，你比他强点儿……”

“九？九？咱们去取

经……不是正好经历了九九八十一难吗？”沙僧突然拍了一下桌子，大声说，“这九九八十一，要比九大吧？”

唐僧实在憋不住了，笑着说：“这句话中最大的数是八十一，八十一的确比九大多了，好，你赢了！”

八戒扭过头，瞪着沙僧问：“你是怎么想到的？”

沙僧仰起头，翻翻眼睛：“我连着说了两次九，就顺嘴说出来了……”

八戒后悔得直吸鼻子：“我怎么没想到呢……唉，我还会三十六变……这三十六，肯定更大！”

悟空说：“你要这么说，我的筋斗云能飞十万八千里，才大呢，十万八千，够大吧？”

沙僧说：“嗨，刚才我就是蒙的，我觉得，还是要从头学起……”

唐僧说：“悟净说得对，学好基本功，才可能修炼成神，不过你们的表现都不错，都能主动联系生活，看来，以后成为数学大神，还是有希望的！”

悟空不明白，就问：“师父，我们已经成神了，还要修炼什么？”

唐僧说：“我说的神，和你们理解的神可不一样！”

——这唐僧师徒四人，究竟在干什么呢？

原来，唐僧在考三个徒弟呢！

可为什么要考试呢？难道神仙们也要考试吗？

这件事的起因，要从一个“惊天大案”说起。什么“大案”呢？

话说唐僧师徒四人取得真经后，被佛祖封号。从此他们就留在仙界，过起了自由自在的生活。

生活虽然无忧无虑，但唐僧依旧严格要求自己，不但勤奋学习，还时常到人间帮助百姓。就这样，一千多年后，唐僧不但精通佛法，对人间的各种新知识也了如指掌。

一天，唐僧正在屋中看书，突然听到门外有吵闹声，再一听，竟是八戒和悟空的声音。

“仙界里吃得好，师父肯定会胖！”八戒说道。

又听悟空反驳道：“那可不一定，师父吃得少！”

转眼间，悟空、八戒和沙僧三人已经进了屋。

唐僧放下书，满心欢喜：“徒儿们，好久没见了！”看这三人，可都胖了不少：沙僧的脸胖了一大圈；悟空的肚子也圆了；八戒就更不用说了，肚子又圆又大。唐僧伸手摸摸八戒的肚子，还硬邦邦的！

原来，这一千多年，三人每天都在仙界游山玩水，大吃大喝，所以才会胖成这样。而唐僧正好相反，一直辛苦劳作，所以不但没胖，还长了一身肌肉。四人聊了一会儿，唐僧问：“你们来找我，有

什么事吗？”

悟空挠挠头：“师父，有个事儿老大了，你看有办法吗……我们发现了……妖精！”

唐僧说：“妖精？不可能！仙界里怎么会有妖精？”

悟空说：“真的是啊。我们发现，仙界里的神仙越来越少了！连我那老冤家二郎神和哪吒，也没影儿了，找不到人了！”

沙僧说：“我也很长时间没看到玉皇大帝了，对了，还有太上老君！”

唐僧问：“等等！你们找不到人，和妖精有什么关系？”

八戒说：“这可是人口失踪，是大案，连玉皇大帝都失踪了，那就是惊天大案啊！”

悟空补充道：“有句话说，事出反常必有妖！既然反常，肯定是有妖精在作怪！”

此时唐僧已笑弯了腰：“好好好，我来给你们——破案！”

二、数学世界

唐僧说:“其实，神仙们是到数学世界玩儿去了!”

三人眼睛瞪得滴溜儿圆，齐声问:“数学世界?那是什么洞天福地?”

唐僧说:“数学世界是一个符号乐园，是人类发现和创建的，很多神仙发现那里好玩，就偷偷都跑去了!”

悟空很着急:“到底怎么个好玩儿法?快说说!”

唐僧说:“数学世界里有各种符号，它们各有性格和特点，和它们交朋友，你会很开心。你还可以用这些符号解决数学问题、完成任务、赚取奖励……”

三人听得一头雾水:“数学问题?任务?奖励?不懂呀!”

唐僧说:“人间的百姓，会遇到各种问题，遇到难题时就会把问题传输到数学世界。如果数学世界能解决，人们就会给奖励！”

悟空最先明白了：“哈哈，原来他们是挣钱去了，贪财！”

唐僧说：“哎，可别这么说！神仙们看起来无忧无虑，其实内心都很寂寞。数学世界离人间近，在那儿解决数学问题，多少能解解闷。”

八戒说：“对，仙界没意思，我想回人间！”

唐僧说：“数学世界还有个好处，就是问题一旦被解决了，大家都会很快乐。”

悟空最先点头：“嗯，有问题才有乐趣。比如取经时，我觉得那些妖怪好烦人；可现在，我反而想他们了！”

唐僧说：“降妖打怪，就是你在解决问题，这种快乐，什么都代替不了吧？！”

悟空很激动，连忙对八戒和沙僧说：“太好了，咱们也去玩玩儿吧？”

八戒却不太愿意：“你们去吧……我想……直接回人间。”

唐僧说：“回人间？没那么容易了！以前驾一朵云，就到人间了，现在可不一样了，从仙界去人间，必须经过数学世界。”

八戒很不高兴:“为什么?这是谁规定的?不公平!”

唐僧说:“没有谁规定，只是因为现在的老百姓都信科学，不迷信了，所以只有懂科学的，或从人间来的神仙，比如我，还有二郎神和哪吒，才能再回到人间。”

悟空问:“二郎神在哪儿呢?”

“他已经修炼成数学世界的神了。数学世界很公平，只要你善于思考，精通某种方法，就能成为数学大神!”唐僧还没说完，悟空就跳了起来:“他也能成数学大神?快快快,马上就走,我肯定比他强!”

唐僧摆摆手:“数学世界不远，路我也熟悉。但你们的数学到底是什么水平啊?我得考考你们，好选个入口!

悟空说:“还要什么入口?俺老孙，筋斗云一翻，不就到了嘛!”

八戒一看别无选择，也跟着悟空说:“是啊是啊，我俩也能腾云驾雾!”

唐僧说:“那可不行，进了数学世界，你们的筋斗云、腾云驾雾、七十二变就都没有了，一切都得按照数学规则来运行。你们的本事，在那儿统统不管用!”

三人还是不明白:“那师父你就选个入口好了，

为什么还要考我们？”

唐僧说：“从仙界到数学世界有三个入口——1号口、4号口、7号口，它们的难度从低到高。你们是什么水平，就得从什么入口进去。当然了，从1号口进去，要走得远一些；从7号口进去，就会近很多。”

八戒立刻说：“这还用想，7号口啊！”

“不行啊，如果你进了高级入口，却没有本事过关，既不能前进，又不能后退，就被困住了！所以，我必须考考你们。”

三人只好同意：“好吧，你来考！”

于是，就有了最开始那一幕，唐僧要三人说出自己知道的最大的数。八戒说三，悟空说九，沙僧说八十一。虽然结果一般，唐僧还是表扬了他们。

三人有些沾沾自喜，没想到唐僧又说：“虽然表现不错，可结果表明，你们只能从1号口进入！”

八戒顿时傻眼了：“啊！这得多走多少路啊？我宁可待着，也不去了！”

三、放羊人的办法

见八戒不想去数学世界，悟空就走到八戒面前，拍拍他的大肚子：“你也该减肥了！”唐僧和沙僧也跟着说：“是啊，是啊！”

八戒又一想，要是别人都去了，只留下他一人，就更没意思了，只好同意一起走。

第二天上午，师徒四人就上路了。唐僧没骑马，因为他身体强健，不再需要马了，而且，也没人知道白龙马现在究竟在哪儿。

他们行李不多，每人只背了一个旅行包，包里有食物和睡袋。天空灰蒙蒙的，眼前是一望无际的原野，除了硬邦邦的土地，就是稀稀落落的草丛。一阵凉风吹来，四人都冻得打哆嗦，八戒还连着打了三个喷嚏。

悟空问："师父，这数学世界怎么这么冷？"

唐僧说："仙界在上，人间在下，从仙界到人间，必须经过数学世界，数学世界就在高原上。我们现在在高原上行走，这样的风景和气温，很正常！"

三人想了想，点头说："有道理！"

唐僧又说："不过，你们也不用担心，再往里走，气候就会好多了——高原上也有暖和的地方呢！"

悟空说："师父，我还有个问题，你昨天说数学世界是人类发现和创造的，是怎么回事？"

唐僧说："这事说来话长，我简单讲讲吧。人类为了生存，就要学会数数，比如，八戒一顿要吃三碗饭才饱，如果只给他一碗饭……"

悟空和沙僧同时笑了："他肯定不干！"

唐僧说："你看，人类想生存，就得比较多与少。比较多与少，就得用到数。"

八戒说："数数就是个游戏，有那么重要吗？"

"很重要啊！没有数，生活就会陷入混乱。比如咱们吃饭，总共要六碗饭才能吃饱，厨师就得按照这个数给我们做饭，要不然，咱们就惨了！

悟空笑道："哈哈，能不能吃饱，全看运气了！"

八戒问："那要是不会数数，怎么办？"

"当然有办法了！我再讲个真实的故事吧。过去，放羊人放羊，早晨要把羊从羊圈里赶出来，晚上再赶回去，可是，晚上回来的羊，到底有多少呢？要是少了，就得赶紧去找羊。但问题是，放羊人不会数数，怎么办？"

三个徒弟陷入沉思，他们虽然是降妖除魔的好手，可对数学，实在是知之甚少！

过了一会儿，唐僧说："于是，放羊人想了个办法。早晨，他每看到一只羊出了羊圈，就拿起一颗石子儿，放进自己的口袋。晚上，他每看到一只羊进了羊圈，就把口袋里的石子儿扔出去一颗。如果石子儿全都扔出去了，就说明羊没丢。"

八戒说："嘿，这放羊人真聪明！"

唐僧说：“就这样，人类为了生活和生产，创造了数字与符号，又设定了各种规则，然后惊奇地发现：这里面，竟然还有很多规律！所以我说，是人类发现和创建了数学世界。”

悟空说：“原来数学这么重要，怪不得去人间必须经过数学世界呢！”

唐僧说：“那当然，别看数学世界的入口少，出口可太多了……”

话音未落，八戒突然大喊：“嘿，我看见了！”说完，就迫不及待地向前跑去。悟空和沙僧看八戒跑，也都跟着跑起来。

四、荒凉的大门

八戒为什么突然跑起来呢?

原来，八戒老远就看到了一个高高的东西，他以为是扇大门，可跑到近前，才发现这里根本没有门，只有一个粗壮的圆柱。在圆柱左边，还有个石头砌的台子。

那石头台子方方正正，棱角分明。悟空用手当尺子，量了一下每个边的长度，发现这石头台子，各边都一样长。

再看圆柱，表面光滑，大约有两人高，两个人伸出手合起来才能抱住，上面由上向下镶着四个镏金大字：数学世界。但可能是时间太长的原因，字迹已有点儿模糊。

八戒有些失望：“师父，这是什么啊？”

唐僧说："这就是数学世界的大门。"

悟空说："这儿也太荒凉了吧！这还是乐园吗？！"

八戒说："师父，你是在逗我们玩儿呢吧？"

唐僧说："没有啊！你们不知道，数学世界的样子取决于人们对数学的看法。最开始，没什么人懂数学，也没几个人喜欢学数学，所以，现在的情景，展现的就是那时的样子，用两个字形容，就是荒凉。"

悟空说："嘿，这设计师还挺有想法！"

唐僧说："没有专门的人被任命为数学世界的设计师。真正的设计师，其实是全体人类。不过别急，当人们发现数学很有用也很有趣时，看见的就是另外一

番繁华景色了！”

悟空又问：“那这个圆柱还有方方的石台，有什么含义吗？”

唐僧说：“这石台的每个边都一样长，是一个正方体。正方体和圆柱在数学世界中很常见，所以放在门口作为数学世界的标志。”

八戒说：“我觉得，应该放个石狮子，这样才神气呢！”

唐僧和悟空笑了，唐僧指着八戒：“一般在人间才放狮子呢，等你到了人间再说吧！”

正说着，只听沙僧喊：“快来看！”可只听见他的声音却看不到人。大家一起寻找，最后发现，沙僧已绕到了石台后面，正用手指着石台看呢。众人凑上去，见上面刻着字：“数学：人人都可以学会的知识。”

三个徒弟只认识这行字却不知道是什么意思，于是你看看我，我看看你。

唐僧看后，连连点头称赞：“不错不错，这正是数学的本质！在古希腊语中，数学就

是这个意思——可以学到的知识！”

沙僧问：“这是号召大家一起学数学？然后才有了后面的繁华？”

唐僧说：“这不是号召，而是事实，要不然就不会刻在石台的后面，而是前面了，对吧？”

悟空说：“既然人人都能学会，那咱们快走吧。我就想看看，二郎神在哪里，他在干什么呢！”

可唐僧却站在原地，一动不动。三个徒弟都好奇地看着他。

唐僧的语气很严肃：“徒儿们，你们要想好了，一旦进了这个门，你们原来的神通，就全不管用了。”

悟空张开双臂，挥了又挥：“神通不管用，俺老孙还有一把子力气，怕什么！”

唐僧伸出手指，指指自己的脑袋：“在数学世界里，可是斗智不斗力的哟！”

悟空也伸出手，拍拍自己的脑门：“俺老孙的脑子，就算不是最聪明，可也不傻，怕什么！”

八戒和沙僧也跟着说：“是啊是啊，我们也不傻！”

唐僧又说：“在数学世界里，有很多题目需要解答，你们必须尽最大努力。要是走到一半被困住，或者原路返回，那咱们的脸啊，可就丢大了！”

三个徒弟沉默了一小会儿，悟空先说：“二郎神

能做到的，我也能！”

八戒说：“既然去人间只能走这条路，那就出发吧！”

沙僧说：“里面应该有很多快乐吧，要不然为什么很多神仙都来了？”

唐僧一跺脚：“好，只要和你们在一起，我就开心！咱们——前进！”

五、位置小精灵

师徒四人走进大门后，继续前行。没多久，他们就看见一个岔路口，路边有一棵大树，树底下有一个木桩，木桩上钉着两块木牌，分别指着两条路通往的方向——算术国·数字村、几何国。

三个徒弟一起回头看唐僧，那意思是：该怎么走呀？

唐僧走近仔细看那木桩："徒儿们，这是位置小精灵在考验你们呢！一会儿我一拍木桩，它就会发出指令，你们按照它说的做，它自然会显示我们该去的方向；如果做错了，它就不会告诉我们。”

悟空说：“哈，好啊，还能这么玩儿！”

话音未落，唐僧就伸出手，使劲拍了一下木桩。

木桩闪烁着蓝光，并发出声音：“向右走，向右走！”

三个徒弟你看看我，我看看你，一齐问：“右边是哪边？”

唐僧急了，大喊：“你们吃饭常用的是哪只手？”

一提到吃饭，八戒的反应就快了，他马上抬起右手，知道了方向。他赶紧往右走了两步。恰好，沙僧和悟空都站在他右边，被他胖胖的身子一挤，也都不由得向右走了两三步。

左手

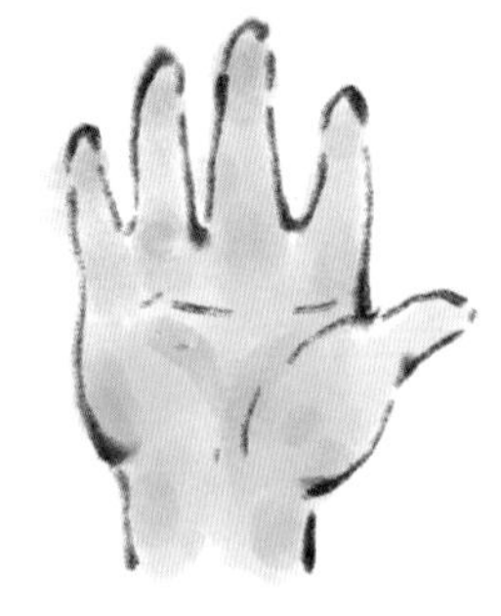

右手

悟空被挤了一下，有点儿生气，定住脚后，就立刻反方向挤回去。说来也巧，木桩正发出声音：“向左走，向左走！”

就这样，三人又都向左走了两步。

唐僧拍拍手：“嘿，歪打正着！”

接着木桩又发出声音：“向前走！向前走！向后

走！向后走！”

三个徒弟对前后还是很清楚的，轻松完成了动作。

木桩又发出声音：“向上走！向上走！向下走！向下走！”

三个徒弟听到向上走时，都向上跳了跳，可是听到向下走时，就全蒙了。悟空蹲了下来，八戒干脆趴在了地上，而沙僧拿起降妖宝杖，竟想着怎么挖坑呢。

木桩不出声了。三个徒弟也不知道自己是否通过了考验，就停在原地不动。突然间安静下来，气氛反而紧张起来。

也不知过了多长时间，只见木桩上的一块木牌发出红光和嘀嘀声。悟空一看，是写着“算术国·数字村”的木牌！

悟空很激动：“哈哈，通过了！”

唐僧拍拍木桩：“小精灵，你可真会玩儿！”

木桩居然讲话了，还是个孩童的声音：“嗨，

唐长老，欢迎你再次光临！不是我会玩儿，这是基本技能！要是**上下左右前后**都分不清，就什么都做不了！”

悟空说：“小娃娃，原来你就管这几个方向！”到底是几个，悟空还是有些糊涂，所以只能这么说了。

小精灵说：“别小看这六个方向，人们在数学世界里，必须熟悉它们，要不然你们想解题，可是连题目都看不懂。不仅如此，这六个方向，还能帮助人类解决很多问题呢！”

八戒问：“什么问题？举个例子听听。”

小精灵又说：“比如开始时，人类设计自行车，两个轮子是前后关系，后来人类又想到了左右关系，就发明了四轮自行车。所以，设计师只要用好这六个字，就很可能产生新想法！”

小精灵说话时，后面大树的树干上居然显示出相应的画面——两轮和四轮自行车。三个徒弟看得很清楚，就明白了前后和左右关系，可他们都没骑过自行车，也就不敢乱说话。唐僧高兴得直拍木桩：“说得真好，小娃娃也有大本事！”

小精灵说：“唐长老，就在昨天，有人送我一个礼物，是一辆四轮观光自行车，既然咱们是老朋友，我就把原来的车送给你吧！”

话音未落，一辆小自行车出现在大树底下，只见这车有轮子、车架、车把，可是没有链条和齿轮，也没有脚踏板，更别说刹车了。

唐僧一边点头，一边笑：“好歹能帮我省点儿事，谢谢你，位置小精灵！”

六、数字五兄妹

告别了位置小精灵，师徒四人继续往前走，只是队形有了一个小小的变化。原来唐僧走在最后面，现在呢，他却骑着简易自行车，走在最前面，还哼着小曲；三个徒弟跟在后面，连跑带颠，边跑边念叨：“上下左右前后，上下左右前后……”

他们走着走着，就到了一个村落。房屋的烟囱里，正冒出袅袅炊烟，景色和人间一模一样，只是房屋的形状有点儿奇怪。

唐僧说：“数字村分前村和后村，这是数字前村，数字五兄妹和几个重要的符号住在这里。”

八戒说：“嘿，这前和后，马上就用上了！”

悟空说：“师父，这些房子我看着眼熟，却和东土大唐的不一样，这是为什么？”

唐僧说："你想想，咱们取经的时候……"

八戒抢着说："想起来了，咱们在西天取经时，就看见过这样的房子！"

唐僧说："因为阿拉伯数字是印度人发明的，所以数字村的房屋，就是印度风格，数字五兄妹，也是印度人的样子。"

唐僧刚说完，就停了下来，因为再往前走，就走出村子了。三个徒弟发现：这个村子很小，好像只有几座房屋，到底有几座呢？他们还不太会数数，所以就假装没看见，不去数到底有几座房屋。

唐僧说："1、2、3、4、5，我唐长老又来了！"

没一会儿，有五间房屋的门开了，从里面分别走出一人，唐僧看到一个就大声喊名字，高兴地和每个人握手。

1是个瘦小的男孩，脚步很轻快，最先跑到师

徒四人面前。

2是个胖乎乎的女孩，有着甜甜的笑容，连跑带跳地就来了。

3是个壮壮的小哥，浑身肌肉，走起路来，把地踩得砰砰响。

4是个清秀的小姐姐，走路的姿势很优雅，她小步快走，来到师徒四人跟前。

5是个有派头的大哥，戴着墨镜，也不说话，还撇着嘴，最后走过来。

这五人都是深黑色的皮肤，高鼻梁，大眼睛，深眼窝。和师徒四人取经时看到的印度人一模一样。五兄妹双手合十，举在胸前，微笑着说："吉祥如意！"师徒四人连忙拱手作揖，弯腰还礼。

墨镜哥5说："早就听说唐长老有三位高徒，一直盼望能见一面，今日幸会！"

他们很热情，可三个徒弟呢，还是觉得有点儿怪。

怪在哪里呢？原来，五兄妹每人脖子上都挂了一根粗绳，上面穿着一些珠子。仔细看看：1挂着1颗，2挂着2颗，3挂着3颗，4挂着4颗，5挂着5颗。这珠子不小，5颗就有些分量了，难怪5走得慢。

八戒好奇地走到3小哥前面，伸手去摸他胸前的珠子却被3小哥一把推开："别乱动，这可是宝贝！"

唐僧赶紧说：“八戒，不要乱动，这是他们的身份证。要是没了这个，这些数字就没有身份了。”

八戒说：“我就是看看嘛！”

唐僧太了解八戒了，知道他是想玩儿，就说：“你要是想玩儿，可以自己做啊！”

八戒说：“好吧，我一会儿就做，不就是几颗木头珠子嘛，谁稀罕！”

这时，4小姐用细细的嗓音说：“八哥哥，等你做好了，我来教你怎么玩，好吗？”

八戒很高兴：“真有礼貌，这才是好人呢！”说完又连着瞪了几眼3。

沙僧趴在悟空的耳朵上说：“二师兄一转眼就成了八哥哥！”悟空听完，一直用手挠自己的前胸，也不知道他在想什么。

墨镜哥5到底是大哥哥，他伸出手招呼说：“大家别在这里站着，快进屋吧！”

于是，五兄妹把师徒四人领进5的房子。

七、数从哪里来

数字五兄妹热情招待师徒四人，他们边吃饭边聊天，气氛很愉快。

吃饭时，悟空禁不住问：“我听说，数学世界是数字和符号的乐园，难道只有你们几个吗？”

数字兄妹们听后，相视而笑，4 小姐说：“数学世界有非常多的数，再往前走，你就看到啦。可数字呢，却只有十个，也就是我们。”

悟空不明白：“为什么只有十个？”

墨镜哥 5 说：“数字不能太多，多了，人们记不住；数字也不能太少，因为人们要用数字来组成更多的数。这就是人类对数字的要求。”

八戒问：“既不能多，又不能少，这两个要求……正好相反啊？”

墨镜哥5又说："所以啊，人类经过反复试验，最终选择了十个数字，就是我们兄妹1、2、3、4、5，以及后村的6、7、8、9，另外还有0。我们十个数字能表示所有的数，这就是我们的本事。"

悟空追问："怎么表示？快说说！"

墨镜哥5神秘地一笑，说："天机不可泄露，到时你们就知道了。"

八戒说："既然所有的数，都要用你们来表示，你们怎么还在村子里躲清闲？"

4小姐说："我们是最初的数字，也叫数字的原身。其他的数字，都是我们的分身，有他们在忙，我们就可以享清福啦！"

"别看他们小，他们可不年轻。"唐僧对三个徒弟说，又转头问数字："你们多少岁了？"

墨镜哥5说："……快两千岁了。"

三个徒弟听了之后都吓了一跳，八戒说："这，这，这么大啊……还管我叫哥……？"

唐僧看八戒不好意思，就说："不懂了吧，数学世界里的他们，永远都不会老！"

悟空又问："那你们是怎么来的？是石头里蹦出来的吗？"

2小妹有些着急："才不是呢！我们是从人类的

大脑里蹦出来的！”

4小姐也跟着说：“对，人们只要一想到多与少，脑子里就得计数，于是有了数字，也就是我们！”

2小妹又继续说：“比如说，有两户人家，哪家养的牛多？哪家养的牛少？只要人们想比较多与少，就得先数数。数一数这家，有3头；数一数那家，有2头。这3和2，就是从人类大脑里蹦出来的，对不对？”

八戒还是不太明白：“那要是比谁家的羊多呢？”

2小妹耐心解释：“不管是牛、羊，还是马，只要是3个，大脑蹦出来的数就应该是3，除非他数错了！”

3小哥憨声憨气地说：“3个苹果3个梨，3个盘子3个碗，只要你数数数到了3，脑子里就会蹦出3，除非你数！错！了！”

这时，沙僧冷不丁问了一句：“数从大脑中蹦出

来后，又发生了什么？”

墨镜哥5说：“这家有3头牛，那家有2头牛，接下来，人们会比较一下哪个数大。数大的那家，养的牛就多！”墨镜哥5到底是大哥，一句话又回到了2小妹举的例子中。

悟空一拍桌子：“终于明白了！人类就是这样思考的——遇到问题先数数，把牛羊马什么的，统统变成数，再比较数的大小——这样做是对的，就是有点麻烦！”

唐僧说：“这样看着麻烦，但遇到复杂问题，就显现出很多优点，总比放羊人捡石子再扔掉石子强！”

三个徒弟想了想，还真是这样：要是不会数数，放羊人就得每天都背着一包石子。

可悟空还是不服气：“数字既然是人类想出来的，那我就觉得3比2小，不行吗？我就喜欢这样想！”

此时3小哥托起自己脖子上的3颗珠子，又指着2小妹脖子上的珠子，有些得意地说：“3比2大，

这可是铁一般的事实！”

墨镜哥5拍拍悟空的肩膀：“小兄弟，你可能不知道，数学世界里的规则，可比你的金箍棒还硬啊！”

正说着，只听外面传来一个清脆的声音：“你们聚会呢？怎么不叫我！”

八、三个法官

只见从屋外进来三个人，他们身材高大，都有金色的头发、白皮肤、蓝眼珠、高鼻梁，都穿着法官那样的袍服，个个脸上透着骄傲的神情。

唐僧悄悄对徒弟们说：“他们是等号三兄弟原身，因为是英国人发明的，所以是英国人的样子！”

三人虽然骄傲，却都很有礼貌，进来之后，一起向大家鞠躬致意。

三个徒弟更想知道这三人能

干什么。所以都去看他们的脖子上戴了什么。只见中间一人脖子上挂着一个闪亮的圆盘，圆盘上镶着两条黑色的、平行的粗线。墨镜哥5站起身来，热情地说：“我来介绍一下，这位就是数学世界最重要，也最有权力的符号——等号！”

等号说：“听这边很热闹，就过来看看，没想到是唐长老到了，还带来好多新朋友！看来，我们可以开个派对了！”

他说完后，把手伸向旁边的人，主动介绍起来：“这是我的哥哥，大于号！”然后又把手伸向另一个人：“这是我的弟弟，小于号！”

再仔细看这两人胸前，也都挂着闪亮的圆盘，哥哥大于号的圆盘中镶着“>”，弟弟小于号的圆盘中镶着“<”。

这时，唐僧也站起来，介绍了他的三个徒弟。

墨镜哥5一边让三兄弟坐下，一边说：“今晚可以开派对啦，不过还差三位，1小弟，你跑得快，去把加减号和0，都叫来吧！”

悟空虽然有“斗战胜佛”的封号，但其实更喜欢“齐天大圣”这个称号，听墨镜哥5说等号最有权力，就想知道：等号的权力到底是什么？可又不好直接问，于是他问大于号：“你们为什么都穿着制服呢？”

大于号说：“因为我们是法官啊。两个数要比较大小，比较的结果怎么表示呢？就靠我们三兄弟了。两个数站在一起，如果前面的数大，就得是我站在他俩中间；如果前面的数小，就得是我小弟站在中间。”

悟空又问：“如果前面的数和后面的数一样大呢？”

大于号说：“那就是我二弟——等号，站在中间啦！”

悟空沉思了一会儿，在桌子上写出了：“比多少→比大小。”然后指着“比大小”问大于号：“这么说，你们的任务就是表示比大小的结果？”

大于号点点头：“可以这么说，但等号还有很多其他任务。”然后他趴在悟空耳朵上悄悄说：“一会儿，你可以让他展示一下他的才艺，不过要等加减号小姐妹到了，才可以表演。”

悟空说：“加减号小姐妹？还要等她们？依我看，不如你们兄弟先给我们表演一下吧，也让我们长长见识！”说到这里，悟空很兴奋，就站起身来，又

大声说了一遍。大家听后一起鼓掌，表示同意。

3 小哥和 4 小姐主动站起来，拉着手走到屋中的宽敞处，3 小哥在左边，4 小姐在右边，然后又分开，中间让出一人宽的地方。

接着，小于号跑到 3 小哥和 4 小姐中间，形成了“3 < 4”的队列。他刚站稳，三人的全身就发出红光，一闪一闪的，还有嘀嘀的声音在响，三人看上去都很舒服，面露微笑。

唐僧对徒弟们说："他们三个联手，形成了一个表达式，意思是 3 小于 4。在数学世界里，发出红光，就说明表达式是正确的。"

悟空说："好玩儿！"

沙僧说："如果小于号站在 3 和 4 的左边或右边呢？"他的意思就是，三人形成"< 34"或"34 <"的队列。

唐僧说："位置错了，就没有任何意义，也就不是表达式了！"

正说着，小于号走出队列，换成大于号站在 3 小哥和 4 小姐中间，组成了"3 > 4"的队列。刹那间，传来噼噼啪啪的声音，三个人都像被电击了一样，身体抖得厉害，脸上露出痛苦的表情。

九、好硬的规则

大家看到3小哥、4小姐和大于号三人浑身发抖，都很着急。唐僧大喊：“快出来！”

大于号一个前滚翻，翻出了队列，3小哥和4小姐之间空开了。三人不再发抖，可是每人都浑身瘫软，一头大汗。其他数字和符号走上前来，扶三人坐下休息。

三个徒弟看到这里，被惊得目瞪口呆。沙僧问：“为什么会这样？”

唐僧说：“刚才他们三个形成的表达式是错的，而错误的表达式，会导致里面的数字和符号受到猛烈的身体惩罚！”

悟空不明白：“怎会这么严重？”

唐僧说：“错误的表达式如果被人类使用，就会产生错误的行动，最后的损失就大了！为了防止这种错误，数学世界有自动检查功能，能自动检查表达式是正确的还是错误的。”

八戒说：“错误的表达式会造成损失，为什么？不懂！”

唐僧说：“我举个例子，你就明白了。有一座桥，它最多能让3辆车在桥上行驶，如果4辆车同时上桥，桥就会被压塌。明白吗？”

三个徒弟同时点头。悟空说：“要比多少，就得先比大小。”

唐僧又说：“假设我是这座桥的管理员，最多让3辆车同时上桥，也就是说，车的数量不能大于3，对吧？”

三个徒弟又点点头。八戒说：“要比大小，就要先数数。”

唐僧说：“假设来了几辆车，我先数一数，这次是2辆，再比较大小，2 < 3，好，通行！这桥不会

有问题。下次来的车多一些，我仍要先数一数，是4辆，再比较大小。3和4，哪个大？”

悟空挠挠头，使劲儿地想。沙僧扳起手指，一个一个数，八戒却直接说：“别数了，4大！因为……四大金刚！”

这话把唐僧气笑了：“八戒，你就爱胡说！”

这时悟空和沙僧同时说：“4比3大，我们数了！”

唐僧说：“说对了，可万一我一时糊涂，认为4 < 3，让它们同时上桥了，结果会怎样？”

沙僧摊开双手：“那还用说，桥被压塌了呗！”

唐僧说：“你们看，后果很严重吧？所以，数学世界里，一切都要按照规则来，否则，就会有大麻烦！”

悟空问道：“这些规则都是哪里来的？”

唐僧说:“绝大部分是来自事实。你们注意看,1、2、3、4、5胸前戴的珠子,为什么说这是他们的身份证呢?”

悟空说:“1就代表1个,所以有1颗珠,2就代表2个,所以有2颗珠,3、4、5也是一样,这就是事实,对吗?”

沙僧说:“谁的珠子多,谁就大,对吗?”

唐僧点点头:“对,所以说,比数的大小,其实是基于事实的比较,而不是你想怎样就怎样!”

悟空此时想起墨镜哥5说的数学世界的规则要比金箍棒还硬,不禁皱起了眉头,泄气地说:“这么严格啊,那我老孙还有什么用?”

原来,悟空心里想的都是金箍棒、七十二变、筋斗云这些神通,他想用这些神通,勇猛地打出一番新天地,改变数学世界。即使唐僧说了好几次,数学世界里没有神通,可他还是这么想。

不光他这么想,八戒和沙僧也是这么想的,也难怪,他们只记得去西天取经时降妖除怪那些光荣的经历。此时三人都低头不语,有点儿郁闷。

唐僧拍拍八戒,又看看悟空和沙僧,笑着说:“别急,熟悉规则,只是第一步,接下来,要用这些规则来解决问题。那就看你们的本事啦!虽然没有了

神通，但还有智慧啊，我都相信你们一定能做出一番大事业，难道你们还不相信自己吗？”

这番话让三人又有了信心，也有了兴致，他们一起抬起头，看着新来的客人。

十、加减号小姐妹

新来的客人是谁呢？就是大名鼎鼎的加减号小姐妹！

只见两个皮肤白皙、金发碧眼的小姑娘走进屋子，后面跟着1小弟。

稍微高些的女孩胸前也挂着一个圆盘，圆盘上镶着两条黑色的粗线交叉组成的符号：一条黑线是平的，一条黑线是竖直的。她手里还拿着一根小棒。墨镜哥5说："我来介绍一下，这是加号姐姐！"

稍微矮些的女孩胸前的圆盘只镶着一

条黑色的、平平的粗线，手里也拿着一根小棒。墨镜哥5说：“这是减号妹妹！”

两个女孩微笑着向大家鞠躬。大家都鼓掌欢迎。唐僧也站起来，介绍了他的三个徒弟。

大于号大声对等号说：“二弟，现在你可以表演一下你的功夫了！”

等号说：“先让小姐妹休息一下嘛！”

小姐妹听到这话，齐声说：“我们一点儿也不累，开始表演吧，给我们的派对助兴！”

这时4小姐站起来，对1小弟说：“2小妹和3小哥已经表演完了，现在该咱们两个了！”

于是，1小弟和4小姐走到刚才2小妹和3小哥表演的地方，空开了一人的距离。

然后，加号走到他俩中间。这时三人没有任何反应。

接着等号站起身来，走到4小姐的右边，四人形成了“1+4=”的队列。

等号还没站稳，加法姐姐就举起了手里的小棒，说：“算！”

说时迟，那时快，墨镜哥5突然间被一股力量推到了等号的右边，组成了“1+4=5”的队列。墨镜哥本来还在喝印度红茶，这一下子，把茶水洒了

一身。

只见这五个人，全身闪着红光，嘀嘀的声音又响起来。每个人都很舒适、很享受的样子。

唐僧说：“一加四等于五，正确！”

三个徒弟惊呆了：这等号的权力好大！

等号突然动了一下，奇妙的是，1 小弟、4 小姐、加号和墨镜哥 5 被一股奇异的力量推动，从等号一边换到另一边，形成“5=1+4”的队列。转过来之后，这五个人全身继续闪着红光。

八戒模仿师父的口气说：“五等于一加四，也正确！”

唐僧说：“对，等号的含义是两边的数量相等，他们这么做，是想告诉你们——等号两边交换位置

依然相等，等号左边等于右边，右边同样等于左边！”

话音未落，突然从等号的身体里走出一个一模一样的等号，站在了 4 小姐的右边，形成了“5=1+4=”的队列。

加号看到了新来的等号，嫣然一笑。身体里也走出来一个同样的加号！

瞬间，2 小妹、3 小哥和加号被一股力量推到了等号右边，形成了“5=1+4=2+3”的队列。幸亏 2 小妹和 3 小哥早有准备，没出什么乱子，3 小哥还摆出了一个健身的姿势，以展示他强壮的肌肉。

表演太精彩了，大家一起鼓掌。等号更加起劲，又从身体里变出一个同样的等号，站在 3 小哥的右边。

1 小弟、4 小姐和加号也都不甘示弱，都从各自身体里变出一个同样的符号。这样就形成了“5=1+4=2+3=4+1”的新队列。

沙僧问：“这是什么意思？”

唐僧说：“一加四等于四加一，加号左边和右边的数，可以互换，换了之后，和不会变！”

大家都以为这场表演结束了，没想到，2 小妹和 3 小哥又各自变出一个同样的 2 和 3！

加号和等号为了配合他俩，也各自又变出一个加号和等号。

最后，形成了一个长长的队列："5=1+4=2+3=4+1=3+2"。每人身上的红光越来越亮，嘀嘀声越来越大，掌声也越来越热烈！

加号姐姐的表演很精彩，减号妹妹也不甘示弱，接着表演。

十一、加减的含义

减号妹妹和数字、等号一起，表演了“5−2=3”和“3=5−2”，还有“3=5−2=4−1”。她的演出，也非常精彩！

唐僧对三个徒弟说：“这些数字和符号组成的队列就是算式，加号和减号都是运算符号。”

八戒说：“加减号小姐妹看上去挺温柔，可小棒一旦挥起来，数就得算起来！”

唐僧说：“她们是运算符号，有了运算符号，才能计算，才能得到新的数，数学世界就充满了活力。至于等号嘛，他既像个裁判，表示两边的数量相等，又像个中间人，因为他能把已有的数和符号，转换成新的数和符号。”

悟空说：“等号像金角大王拿的葫芦，只要这边摆好了算式，他就能把答案吸过来！”

沙僧说：“他们配合起来就能空中捉人。师父，这算是神通吧？”

唐僧笑了：“这不是神通，而是规则，你们也不必担心，空中捉人只是表演，以后我们解题时，等号后面的结果需要自己计算。算对了，红光闪起、嘀嘀声响；算错了，算式中的数字和符号就会废掉！”

沙僧说：“噢，老天！还要自己算？”

八戒瞪大了眼睛，有些着急：“为什么要算？不算不行吗？”

唐僧不急不慢地说：“不算当然不行！运算是为了得到新的数，只有这样，才能解决真实的问题。比如你有 2 个苹果，我有 3 个苹果，我一算，2+3=5，咱俩有 5 个苹果；如果不算，我就只能说咱俩总共有 2+3 个苹果，你觉得这行吗？”

三个徒弟大笑，一个例子，就让他们全明白了。

八戒有些不好意思：“也对啊，要是不算出个新的数，的确有点儿怪……”

唐僧接着说：“我还得提醒你们，所有的数和符号，都是人类为解决实际问题才创造的，比如加号和减号都有实际的含义。”

悟空忙问：“加号有什么含义？”

唐僧说："加号的含义是'合起来'，比如刚才说的2+3=5，含义就是两人的苹果合起来总共有5个。"

悟空是个急性子，又问："那减号的含义呢？"

唐僧说："你们先按照自己的理解来说说吧！"

八戒最先发言："有5个苹果，吃了2个，剩下的苹果数就是5-2=3——减号的含义是吃掉？"

唐僧笑着点头又摇头。

悟空说："如果有5个妖怪，逃走了2个，剩下的妖怪数就是5-2=3——减号的含义是跑掉？"

唐僧笑不出来了。

沙僧说："如果一座山有5个景点，我们游览了2个，剩下的景点数就是5-2=3——减号的含义是看完？"

唐僧的脸憋得通红，说话也快了很多："减号的含义，是——去掉！"

听了师父的话，三个徒弟一起念叨："去掉、去掉。我们试试？"

八戒说："5个苹果去掉2个苹果，还剩下3个。"

悟空说："5个妖怪去掉2个妖怪，还剩下3个。"

沙僧说："5个景点去掉2个景点，还剩下3个。"

最后三人异口同声地说道："还真的是啊，减号的含义是去掉！"

悟空接着说："师父，我还有个新发现。减法运算的结果，含义是剩下！加法运算的结果，含义是总共！对吗？"

悟空的话，让唐僧觉得他很有灵气："剩下？总共？不错，可以这么理解！你们进步好快，都会自己发现规律了！"

最讨师父喜欢的还是八戒，他说："那也不如师父学得好，您是怎么学的呢？"

唐僧果然笑开了花："这个嘛，就得像你们刚才一样，多问，多交流，把想法大胆地说出来！还有，得多思考！"

三个徒弟你看看我，我看看你，互相做了个鬼脸。

十二、国王驾到

师徒四人正说话时，外面传来巨大的轰鸣声。墨镜哥 5 说:“应该是国王来了，我们去迎接他吧！”众人都赞同，一起往外走去。

悟空问:“师父，什么国王？数学世界也有国王？”

唐僧说:“当然有啦，数学世界有一位大国王，他可不是谁都能见到的。除了大国王，数学世界里还有几位小国王，现在来的是其中的一位——算术国国王！”

大家一起走出门，只见有一个巨大的怪物从空中缓缓落到地上。为什么说这是个怪物呢？因为它就像一个碗，倒扣在一个盘子上，形状很怪，不仅如此，它下落时还静悄悄的，有点儿诡异。

“这哪里是国王，分明是个妖怪！”悟空很紧张，对八戒、沙僧说,“保护好师父！”接着就拿起金箍棒，要向前冲。

唐僧赶紧拦住："好徒儿，这可不是妖怪，千万别打！这是算术国国王的飞行器，你要打，可就闯大祸了！"

悟空不信："飞行器？飞行器是什么？"

唐僧赶紧解释："飞行器就是能在天上飞的机器，算术国国王太忙了，哪里都需要他，所以大国王特意送给他一个飞行器，这样他就能快速到达要去的地方！"

原来这个能飞的怪物是个飞行器呀，三个徒弟长舒了一口气。

八戒问："这国王到底是谁啊，阵势好大！"

唐僧神秘地说："不知道吧？是0！"

三个徒弟听了直吐舌头，他们也听说过一些关于0的事情，可是没想到0居然是国王！也就是说，0很重要，很有权力！

飞行器的门开了，走出一个人。这个人身材矮胖，脑袋圆圆的，肚子也圆圆的，和数字五兄妹一样，皮肤都是深黑色的。

沙僧说："不用问，0也是印度人发明的！"

唐僧竖起大拇指："说对了！"

三个徒弟又仔细看了看他的脖子，可他脖子上

居然什么都没有！

八戒问：“师父，他脖子上的身份证呢？”

唐僧说：“0 代表什么都没有，所以他没有身份证！”

三个徒弟愣了，不知该说什么好。

只见国王 0 双手合十，举在胸前，微笑着说：“吉祥如意！”又对唐僧说：“老朋友来了，我本想立刻过来，可事情太多，就耽误了一会儿，请原谅！”

师徒四人拱手作揖还礼，众人也向国王 0 行礼，随后拥着他走进房屋。这时饭菜已经撤下了，换上了饮料水果。大家都坐下，一边吃喝一边聊天。

国王 0 和唐僧坐在一起，说了很多往事，说到高兴处就开怀大笑。其他人也没闲着，悟空和等号最投脾气，八戒和 4 小姐聊得很开心，沙僧和减号妹妹说得也很欢乐，气氛很融洽。

最后国王0说："唐长老，你来数学世界十几次，每次都给我们讲仙界和人间的故事，让我们长了见识，非常感谢你！这次你带徒弟来有什么困难吗？如果有困难尽管说，我一定努力帮助你们！"

唐僧听了这话，面露喜色，说："能帮我解决一双鞋吗？"他边说边抬起一只脚来。大家一看，他的那只布鞋鞋底已经破了个大洞。再看另一只，也有一个一样大的洞，真是惨不忍睹。

众人很惊讶："这是怎么弄的？才刚到数学世界，鞋就磨坏了？"

唐僧有些不好意思："位置小精灵送给我一辆简易自行车，这车没有脚蹬，前进时要靠双脚蹬地，刹车时要靠双脚擦地，所以这鞋就坏得快了些。"

众人听了，都哈哈大笑，三个徒弟笑的声音特别大。

国王0说："这小精灵真淘气！鞋的事好办，我给你们每人准备三双！只是唐长老啊，你要骑车，就别穿布鞋了，还是穿皮靴吧！"

唐僧点点头说："好吧！"师徒四人对国王连连道谢。

十三、0的含义

悟空和等号最投脾气，说起话来根本停不下来。悟空给等号讲了他的本领，七十二变、筋斗云等，还有他大闹天宫的经历等，等号听得津津有味。

说到自己齐天大圣的名号，悟空问等号："为什么0能成为算术国国王呢？我觉得你和加号合在一起才厉害呢！"

等号喝了一口柠檬汁，微笑着说："因为国王帮助了太多人！"

悟空不解："0的含义不就是'没有'吗？都没了，他还能帮谁？"

等号说："0的含义可多了！当然了，在表示数量上，0的含义是没有……"

悟空打断等号的话："这个嘛，我早就明白了！

5 块饼，去掉 5 块，剩下多少？没有了，就是 0，也就是 5−5=0！”悟空还真能现学现卖。

等号点点头：“不错！可这个 0 的含义是什么？”说着，他从口袋里掏出一把尺子，递给悟空。

悟空仔细观察尺子，终于发现了 0 就在最左边的竖线下面，他想来想去，小心地说：“这个 0 的含义，是长度没有了？”

等号略带无奈地摊开双手：“长度若是没有了，还测量什么呢？这个 0 的含义是开始。”

悟空没说话，而是拿起尺子，量了几样桌上的物品，渐渐地，他明白了：“0 是开始，是起点，让 0 对着物品的这边，再看物品的那边，尺子上的那个数就是长度了。”

等号对悟空竖起大拇指：“对了，到底是大圣，

一说就明白！”

悟空笑了：“这不算什么，我只知道遇到不懂的事不要怕，先试着做，做的过程中还要再慢慢想、仔细想，这个道理，其实和降妖除魔一样！”

可等号像是要故意考验悟空，又从兜里掏出一个弹簧秤：“大圣，你看这里的0，有什么含义？”

悟空仔细观察，发现0在最上面，这次他有经验了，不回答问题，而是拿着弹簧秤钩住桌上的物品，再观察秤的反应，等他反反复复玩够了，也看明白了，才说：“**这个0的含义也是开始！挂上东西后，指针指的数，就是物品的质量！**”

可等号像魔术师一样，又掏出一个温度计：“大圣，你看这里的0，有什么含义？”

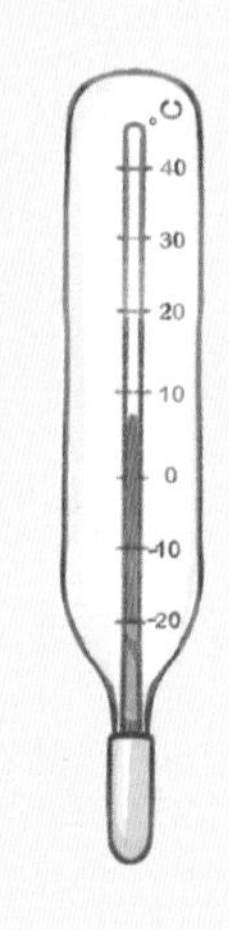

悟空一看，温度计中间有个0，上面有数，下面也有数，既没有挂钩，又没有按钮，喊它它不应，按它它不响，折腾了好一会儿，没招儿了，只好摊开双手说：“这个……我不知道……”

等号笑了：“**这是测量温度的，叫温度计，这里的0表示0℃，是一个比较特殊的温度值。**以后你会学到，我就不多说啦！总之，0的含义太多了，任务也太多了，所以我们的国王很忙，得每天飞来飞去！”

悟空愣在那里，还没想明白，等号突然靠到他跟前，严肃地说：“最重要的是，国王0还帮助了很多数，如果没有他，算术国乃至数学世界，都会有大麻烦！”

“什么大麻烦？”悟空问。

等号一字一字地说：“全！部！毁！灭！”

悟空吓了一跳：“真的？”

等号说：“这不是开玩笑，你到数字后村，还能见到6、7、8、9四位老哥哥，9是最大的数字，可是，比9还大的数有太多太多了，比如70、80，这些数怎么表示呢？如果没有国王0，这些全都不可能！”

悟空只知道1、2、3、4、5这五个数字，所以无论他怎么想，都想不明白等号的话，悟空问了几次，等号只说：“等你到了数字后村就知道了！”

直到派对结束，大家都回各自的房间休息了，悟空还在念叨：“怎么表示比9还大的数呢？”

十四、智斗乌鸦（上）

第二天，师徒四人要走了。数字五兄妹、等号三兄弟和加减号小姐妹都来到村口，和他们告别。只有国王0没来，他太忙了，昨晚就坐飞行器离开了数字前村。

师徒四人不舍得走：村民们的热情款待，让他们倍感温暖，也让他们学到很多。八戒甚至不想走了，最后被悟空揪着耳朵给拽出了被窝。

村民们也不舍得四人离开，在他们眼里，唐长老知道得多，讲的故事好听；悟空喜欢提问；八戒会逗人笑；沙僧善解人意。虽然师徒四人已走出很远，村民们依然向他们挥手致意。

唐僧穿着新皮靴，骑着简易自行车，嘴里哼着小曲，跑得比原来还快。三个徒弟要快跑才能跟上，都累得够呛。三人一边跑一边讨论什么时候师父的鞋才能再磨出个大洞来。

没过多久，他们到了一条河边。河面挺宽，却没有桥，只好停下来。河岸两边各有一座方方正正、瘦瘦高高的塔。塔的底部有个小门，塔的顶部四面各有一个圆洞，河对岸塔顶的圆洞口，落着一只乌鸦。那只乌鸦正专注地盯着师徒四人呢。

唐僧说："现在，我们在算术国境内，对面是几何国。这是一个关卡，要想过河，就得抓住那只乌鸦，因为那乌鸦嘴中有颗珍珠。我们拿到珍珠，河面上就会出现桥。"

悟空顿时来了精神，抬头看那乌鸦："怎么抓它？"

唐僧说："每天上午 10 时，还有下午 3 时，这只乌鸦都会飞到这边的塔顶，它来干什么，我也不知道。如果这时有人藏在塔顶，等它过来，就有可能抓住它。"

八戒迫不及待地说："嘿，这么容易，我来！"

唐僧说:“等等!这只乌鸦很聪明，如果你进了这边的塔，它就不会来了，除非你进去又出来……”

沙僧说:“噢!老天，进去1个，再出来1个，1−1不就等于0了吗?”

悟空说:“0就是没有，没有人，怎么抓乌鸦?”

唐僧点头:“你们说得都对。但这只乌鸦也有弱点，如果数大了，它很可能会数错或者算错!”

“这样啊，那我们一起进去，留一人在塔里!”悟空眼珠一转，非常兴奋，说话声音自然也大了。

“嘘!小心被它听见!”唐僧伸出指头竖在嘴前提醒悟空，又抬头看看太阳，说:“快10时了，开始行动吧。咱们有4个人，应该能成功。”

悟空问:“4个人就能成功?为什么?”

八戒说:“这还用问，人多力量大呗!”

唐僧气笑了:“才不是呢!我上次来时，这乌鸦只会算3−2=1，4−3等于几它还不会呢。咱们4个人进去，再出来3个，这乌鸦肯定就蒙了!”

于是四人排着队走进河岸这边塔底的小门。过了10分钟，唐僧、悟空和沙僧出来了，八戒则爬到塔顶藏起来。

三人出来后，大摇大摆地绕塔走了一圈，故意让乌鸦看见，然后坐在树荫底下，等乌鸦上钩。

可是，都快到中午了，乌鸦还是一动不动！

三人正要商量怎么办，突然，八戒从塔底的小门跑出来，一身大汗，满脸通红，气喘吁吁地说：“热死我了，再不出来，我就晕倒了！”

就在这时，乌鸦突然张开翅膀，扑啦啦飞过河，直奔塔顶。悟空见状，赶紧跑进小门，想去抓住乌鸦。可是，等他爬到塔顶时，乌鸦早已经飞走了——行动彻底失败！

看来，这乌鸦的计算能力提高了：会算4–3=1了，这真是个坏消息。好在下午乌鸦还会飞过来，这样，就还有一次机会能过河。

这可把三个徒弟难坏了：“怎么办呢？5–4等于几估计能难住乌鸦。可是，我们也没有5个人啊！”

十五、智斗乌鸦（下）

三个徒弟很着急，可唐僧却坐在一边，看着远方，也不说话，不知道他在想什么呢。

悟空伸手指着对面的乌鸦，生气地说："要不是在这里，我翻个跟斗就能抓住它！"

八戒也说："要是有神通，我也能抓住它！"

最冷静的还是沙僧，他想了想，问道："师父，你上次来的时候只有一个人，是怎么抓住乌鸦的呢？"

"哈哈，就等着这个问题呢！"唐僧突然转过身，啪啪拍了两下大腿，然后大声说："记住了，要想解决问题，就要学会提问！"

唐僧说完还不放心，就又问："记住了吗？"

三个徒弟点点头："记住了，要解决问题，就要学会提问！"

唐僧很满意，继续说："说悟净提的问题好，是因为这个问题，能让你们思考怎样利用以前的经验。数字前村的村民们都知道我过河需要人手，所以每次会有两个人陪我到这里。我过了桥，他们再回村。"

三个徒弟终于明白了：办法很简单，他们得回村，请村民来帮忙！可是这样，又有了新问题：现在可是一天中最热的时候，让谁去呢？想到这里，三人都不吭声了。

唐僧见状，就说："谁去？我把自行车借给他！"

三人还是不吭声，却都盯着唐僧脚上的新皮靴。

唐僧明白了，咬着牙心疼地说："谁去？我把靴子也借给他！"

三人腾的一下都跳了起来，悟空和沙僧去抢自行车，八戒则扑到唐僧脚边，去抢靴子。悟空的动作比沙僧快，先抢到了自行车。

接下来，悟空和八戒开始谈判，谈了好久，二人才说好：去数字前村时，悟空骑车穿皮靴，八戒跟在后面跑；回来时，八戒骑车穿皮靴，悟空跟在后面跑。悟空脱下他的宝贝步云履，换上皮靴，然后两人一溜烟儿就跑了。

唐僧看着两人的背影无奈地摇摇头："真贪玩！"沙僧则找了个树荫，乘凉去了。

过了好一会儿，悟空和八戒回来了。和他俩一起来的还有4小姐和等号。救兵来了，时间也快到3时了。5个人进入塔里，只留下八戒一个人在外面。八戒又跑，又跳，又叫，为的是分散乌鸦的注意力，让乌鸦出错。

过了十几分钟，从塔里出来4个人，这次是悟空没出来，他爬到塔顶藏了起来。

塔外面的人坐在树荫下，大声说笑，假装什么事都没发生，却时不时用眼角偷看乌鸦。大家都希望乌鸦会数错或算错，这气氛真是好奇怪。

突然，乌鸦张开翅膀飞起来，飞过了河，飞到了这边塔顶的圆洞。

乌鸦刚刚落下，就剧烈地扑腾翅膀，一副要飞却飞不起来的样子。看这样子，是被悟空抓住了！过了一小会儿，乌鸦突然朝上空飞去，又一转身，直接飞回河岸那边了。悟空从圆洞中探出脑袋，向下面喊道："拿到珍珠啦！"大家拍手叫好。

这时，两岸的塔一齐向河面倒去，发出轰隆隆的巨响。最后咣当一声，两座塔合在一起，互相支撑，形成一座桥。

师徒四人成功过了河。神奇的是，他们过河后，两座塔又发出轰隆隆的巨响，恢复了原样！乌鸦又飞出塔顶，在师徒头顶盘旋，呱呱地叫，跟随他们飞了好久。唐僧说："乌鸦镇守这个关卡失败了，看

来它挺生气。”

八戒说:“看来，还是得学会数数和算数啊!”

沙僧说:“嗯,要不然,就得像乌鸦一样失败了!”

唐僧笑着说:“明白就好!你们记住了，无论是神仙、人类还是其他动物，都离不开数学!”

悟空却又提出一个新问题:“乌鸦到底是数错了，还是算错了呢?”

十六、奇异的四体村

师徒四人进了几何国，没走多远，就到了一个村子。这个村的名字很奇怪，叫四体村，这个村比数字村大很多，人也多很多，街上人来人往。村民的长相打扮与东土大唐的百姓几乎一样，只是每人胸前都贴着一张图。

三个徒弟仔细观察，发现这些图上，共有四种图形：**正方体**、**长方体**、**圆柱**和**球**。同一种图形，大小却不一样，比如同样都是圆柱，有的瘦高，有的矮胖。唐僧悄悄对徒弟们说：“他们就是几何国的正方体、长方体、圆柱和球。”

八戒说：“怪不得叫四体村，原来

是因为有这四种图形！”

再细看，村民的脖子上没有挂数字村村民那样的身份证。悟空问：“师父，他们胸前那张图，就是他们的身份证吧？”

唐僧笑了：“对，这就是身份证，这也是几何国的特点——看到就知道！”

这时悟空在八戒身后拍拍八戒背上的花布包袱，问：“4 小姐送给你的是什么？”

原来，刚才与乌鸦斗智时，4 小姐送给八戒一个包袱，还说到了数字后村，自然会有用处。悟空这么一问，让八戒想起这事。于是八戒打开包袱，原来里面是一堆木头做的珠子，和五兄妹脖子上戴的一模一样。八戒很感动，同时也很好奇：这些珠子，到数字后村怎么用呢？就对唐僧说：“师父，既然看到就知道，那咱们赶紧看一圈，就走吧！”

唐僧说：“那可不行，在数学世界里，可不能走马观花，要不然，过关卡时就得遭罪了！”

“遭罪？都有什么罪啊？”悟空有些好奇。

“过不去河算遭罪吧？后面还有很多关卡呢，以后你们就知道了！”

“好吧，那怎样才不是走马观花呢，师父？”悟空又问。

唐僧说：“不知村里有没有训练营或体验馆，如果有，你们就去亲身体验一下，这四种形状的物体都有什么特点。”

他们在村里转了一圈，也没找到训练营或体验馆。看天色已晚，他们只好找个旅馆住下。吃过晚饭后，八戒打开包袱，拿出两个木珠在手里把玩。

看到圆圆的木珠，悟空突然有了主意：“哎，这木珠不就是小号的球吗？快给我一个，让我也体验体验！”于是八戒给悟空一个，又给沙僧一个，三人把木珠放在地上滚来滚去，又觉得这样没意思，最后，三人竟然玩起了弹珠游戏。房间里只听见木珠啪啪的撞击声。三人在地上爬来爬去，玩得热火朝天，大汗淋漓。刚好房间的地面有不少灰尘，结果这三人，各个弄得灰头土脸。

唐僧看到这情景，心都快凉透了，心想这三个顽徒，真是辜负了4小姐的好意，练习数数的木珠竟然被当成了弹珠。唐僧想了想，向旅馆老板借了

一块橡皮。橡皮是长方体的，唐僧把橡皮往远处扔了几次，感觉扔得挺准了，就开始捣乱。

本来悟空弹出的木珠向八戒的撞去，眼看就要撞上了，唐僧把橡皮一扔，“啪嗒”，橡皮落地，挡住了木珠的去路。

悟空抬起头：“师父，我们可是听你的话，在体验球呢！为什么要打断我们呢？”

唐僧笑了笑：“没错啊，我这也是在帮你们体验呢，你看，这橡皮就是一个长方体，对吧？”

悟空毫无办法，因为面对师父，急不得也恼不得。他只好拿开橡皮，重新弹球。唐僧又扔了好几次橡皮，这让三个徒弟玩性大减。三人嚷嚷着不玩了，唐僧就把橡皮还给老板，然后睡觉去了。

三个徒弟你看看我，我看看你，悄悄地说：“师父是开朗多了，可这……也太调皮了吧?！”

十七、恐怖的圆柱

第二天清晨，师徒四人就早早上路，向数字后村走去。

八戒编了个顺口溜：“数学世界真奇怪，前村后村不相邻，中间隔个四体村，来回来去折腾人！”

唐僧却很淡定：“算术国和几何国就是这样，你中有我，我中有你，关系紧密。”

这时沙僧指着左右两边，说：“你们看，这里的地形好奇怪！”

这时大家才发现，他们走在山谷中，两边的山坡像桌面一样，极为平整！自然界中，很少有这样的山坡，四人越看越害怕。

突然，从右侧山顶传来轰隆隆的声音，只见三根粗大的圆柱，正顺着山坡滚下来，如果它们滚到

谷底，肯定会把师徒四人压成肉饼！

悟空大喊：“快跑！”

唐僧最快，他骑着简易自行车，两脚飞快地蹬地。三个徒弟跟在后面，连滚带爬，有点儿狼狈——谁都不想成肉饼啊！

三根圆柱快速滚到了谷底，八戒在队伍的最后面，一根圆柱刚好擦到他的脚后跟，好险哪！圆柱到了谷底后，继续向前，又滚到对面山坡上。这样来来回回滚了好多次，才终于停在谷底。

八戒又疼又怕，坐在地上揉着脚后跟，好久才缓过神儿来。

“师父，这些东西要命啊……前面还有吗？”悟空也被吓得不轻，说话都有些结巴了。

唐僧点点头：“不但有，圆柱还会越来越多，越来越长！只要我们往前走，就会触动机关，这些圆柱就会滚下来……”

这可怎么办？大家明白了：这次算捡了一条命，下次可就难说了！

八戒被吓哭了：“早知道这么危险，我就住在数字前村不走了！”

还是沙僧观察得仔细，他说：“大师兄，你看这些圆柱，长短还不一样呢！”

这时悟空才发现：这三根圆柱的粗细差不多，放倒了都有一人多高，长短却不一样，最长的有十几米长，最短的近两米。

“这样啊……怎么利用它们的特点呢？”悟空小声念叨，“圆柱……圆柱有什么特点？对了，把它立起来，就不能滚动了；把它放倒，就能骨碌碌前后滚动！”

悟空最喜欢思考了，他一下子就想到昨晚唐僧的行为好奇怪！接着又想到那块橡皮：为什么它就能挡住木珠呢？因为它的每个面都是平的，所以能挡住木珠。想到这里，悟空一拍脑门，大喊一声：“哈，有了！”

他立刻行动，找到那根最短的圆柱，也是巧了，这根圆柱的长度，刚好比路面窄一点儿。悟空把这根圆柱滚到路上，信心满满地对八戒和沙僧说：“收拾东西，前进！”

二人一齐看着悟空，一动不动，因为他们不知道悟空的办法。

悟空说：“咱们推着它前进，如果有东西滚下来，就把它竖起来，它就能挡住其他东西了！拜托你俩动动脑子，想想昨晚那块橡皮！”

二人一想，立刻明白了，于是站起来，开始行动。

唐僧很满意，表扬了悟空："好样的！球容易滚动；正方体和长方体不易滚动；圆柱既容易滚动，又不容易滚动。你可真会想！"

就这样，师徒四人推着那根圆柱，继续赶路。

没走多远，从左侧山顶上果真又滚下四根圆柱！轰隆隆，声音越来越大。三个徒弟却不害怕，他们先竖起圆柱，让圆柱的一个底面与路面接触，然后站在圆柱右侧的山坡上。

圆柱滚下来了。砰！一声巨响，撞到了竖起的圆柱，又来来回回动了几下，就停下来了。

成功了！师徒四人激动地互相击掌——再见了，肉饼！

接下来，他们用同样的方法，躲过了五根圆柱的袭击，成功到达数字后村。

十八、正六边形的房间

师徒四人还没走进村，悟空又开始提问了："师父，算术国和几何国都是干什么的？为什么叫算术和几何呢？"

唐僧说："算术是研究数的，包括数的读、写和运算。几何是研究图形的，它在希腊语中的含义是'测量土地'，人类起初应该是为了测量土地才研究出几何这门学问的。"

悟空又问："这数和图形，完全不一样，它们之间有关系吗？"

"当然有关系，数和图形是你中有我、我中有你！"唐僧正要接着讲呢，却看到迎面走来两个中年男人。这两人的长相打扮，和数字五兄妹一样，只是年龄大些，看起来更稳重些，不像那五兄妹，

连走路都蹦蹦跳跳的。

一个人胖胖的，挺着个大肚子，脖子上挂着6颗木珠——看来他是6。

另一个人瘦瘦的，拿着一根拐杖，脖子上挂着7颗木珠——看来他是7。

唐僧大喊：“胖6，拐7，见到你们真高兴！”

这二人看到师徒四人，也很高兴：“唐长老，知道你们要来，我俩特意在此迎接。8叔和9爷爷出门了，得晚些时候才能回来。”

于是众人一起进村，到了胖6的家。进了房间后，三个徒弟发现：这房子的形状很奇怪——它有6面墙，而且墙和墙之间，也不是常见的直角！

拐7看到三人困惑的表情，笑着说：“6弟一直有个理想，就是做一名建筑设计师，可数学世界又离不开他，他就把自家房子盖成这样了！”

唐僧说：“徒儿们，你们看地板和天花板，它们都是**正六边形**的！”

悟空不明白："师父，什么是正六边形啊？"

唐僧说："**正六边形就是有六条边的图形，这六条边都相等，六个角也相等。**"

悟空说："这么说，这'正'字，就是全都相等的意思了？"

唐僧点点头："嗯，可以这么说。"

八戒绕着房间走了一圈，不禁拍手叫好："这形状够特别、够高级！我还是第一次看到这样的房间呢！"

胖6有些不好意思："我这是在向蜜蜂学习，同时展示一下，6这个数的具体用途。"

悟空忙问："蜜蜂？蜜蜂有什么本事？"

胖6说："蜜蜂会修建蜂房，你们不知道吧，蜂房的结构精密，简直就是一个奇迹！"

八戒很好奇："奇迹？能让我看看吗？"

胖6说："看蜂房有危险，万一被蜜蜂蜇了，不但会很疼，还可能中毒呢，咱们还是看照片吧！"

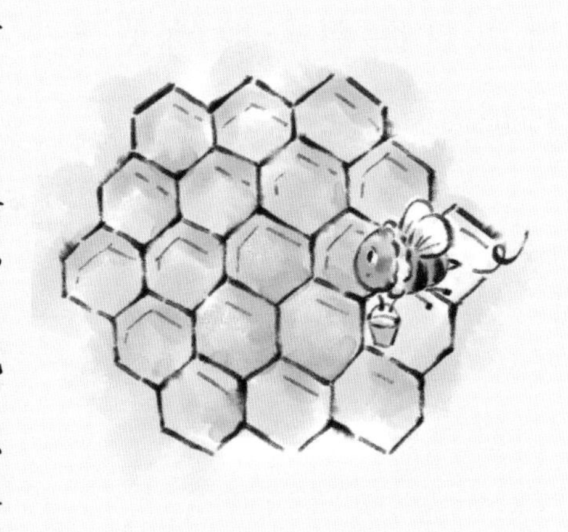

于是胖6从一个笔记本中拿出几张蜂房的照片，三个徒弟看到后，惊

讶得说不出话来。原来蜂房是由许许多多大小相同的小蜂窝组成的。这些小蜂窝都是正六边形的，它们排列得整整齐齐。

悟空问:“为什么是正六边形，而不是其他形状?”

胖6解释道:“因为正六边形最稳定，而且最节省材料。”

八戒问:“难道蜜蜂有尺子？它们还会测量？要不然，怎么会每条边都一样长呢？”

胖6笑了:“开始时，这些小蜂窝其实是中空的圆柱，这些圆柱互相挤压，圆形就变成了正六边形，变成稳定的结构。而且，正六边形之间没有空隙，也就最节省材料。”

听到这里，三个徒弟都觉得大自然可真奇妙。这时唐僧说:“徒儿们，你们看，这正六边形是一个图形，它有6条边，就是说，图形中有6这个数，所以说图形和数的关系，是你中有我、我中有你，对吧？”

三人想了想：的确是这样！可没过几分钟，悟空又有了新问题:“师父，有正五边形、正四边形、正三边形、正二边形和正一边形吗？”

十九、扔木珠游戏

唐僧扑哧一声笑了："有正五边形，正四边形就是正方形，正三边形叫正三角形，但正二边形和正一边形，我还没听说过呢！"

大家都笑了。这时，胖6和拐7说："晚饭时间还早，咱们一起玩个游戏吧，怎么样？"

三个徒弟最喜欢玩了，一听到玩游戏就特别开心，忙问怎么玩。

胖6从口袋里拿出一个又细又高的木盒，放在桌上："听说你们从数字前村带来木珠了，咱们就玩扔木珠？"

三个徒弟很纳闷：他们怎么知道我们有木珠？

其实，数字前村和后村虽然不挨着，但两个村之间有特殊的通道，村民经常互相走动，联系很紧密。

等唐僧解释完，八戒也从背包里拿出了所有木珠。胖 6 捡起几颗木珠往木盒里扔，咚、咚、咚、咚、咚、咚，响了六声后，木珠正好填满了盒子。

胖 6 说：“我们先往盒子里扔一些木珠，你们再扔，如果你们扔的木珠正好填满了盒子，就算你们赢了，否则就输了，怎么样？”

沙僧问：“这个盒子能装 6 颗木珠？”

悟空说：“如果你们扔进去 2 颗，6−2=4，我们就得扔进去 4 颗，对吗？”

胖 6 和拐 7 点头：“对！三局两胜怎么样？”

“没问题！”三人一起说。

第一局是八戒玩。八戒信心满满：“扔吧！”他总玩木珠，玩的时候也做了练习，所以很有信心。

只听咚、咚、咚、咚、咚，盒子里响了五声，轮到八戒扔了。

八戒毫不迟疑，拿起两颗木珠就往木盒里扔，只听咚、啪——响了两声。

这是什么情况？

原来，第一颗木珠扔进盒子，发出了第一声——咚。此时盒子已经满了，再也装不进去木珠了，第二颗木珠就掉在地上，发出了第二声——啪。

八戒傻了眼——很简单的题目，他为什么会错呢？

原来，刚才胖6扔木珠时，八戒走神了，他突然有个想法：晚饭会有什么好吃的呢？就这么一眨眼的工夫，他少听到一声，心中的算式成了6−4=2，所以才会扔出两颗木珠。

知道错在哪里后，八戒捂着脸喊："啊啊啊，我知道了，乌鸦和我一样，一定是数错了！"

第二局轮到沙僧玩。他集中注意力，除了游戏，什么都不想。

咚，胖6把1颗木珠扔进盒子。沙僧听到后，在心中默默列式计算，6−1=5。于是他拿起5颗木珠，扔进盒子——咚、咚、咚、咚、咚，响了五声，盒子刚好满了！

就这样，沙僧赢回一局。

第三局是决胜局，轮到悟空上场。胖6突然说："大圣，咱们增加点儿难度，换个木盒怎么样？"

悟空说："什么木盒？"

拐7拿出一个和胖6的盒子一样粗细的木盒，只是高一些。比一比，刚好高出一个珠子大小。

悟空笑了："这个盒子总共能装7颗珠子？"

拐7点点头："对！是7，敢玩吗？"

悟空从来都是自我感觉良好，一拍胸脯："当然敢！"

游戏开始，大家都屏住了呼吸。胖6往盒子里扔木珠，只听咚、咚、咚，响了三声。

悟空听得清楚，也在心中列出了算式7–3，可是等于几呢？糟了！他不会计算！

刚才八戒和沙僧上场时，悟空心里反复练习的都是关于6的减法，他现在能算出来6–3=3了，可盒子突然换了，还没有适应，所以不会算了。

悟空盯着拐7的盒子，又看了看刚才的那个盒子，突然想起来："对了，7比6大1！我可以利用这一点，可是……怎么用呢？"

悟空眼珠一转："哈，我知道了！"原来，他在6–3的结果上加1，就知道了7–3=4。于是，悟空拿出4颗木珠，扔进盒子。

毫无疑问，悟空又赢了一局。他们三个赢了！他们高兴得手舞足蹈，胖6、拐7和唐僧也为他们拍手叫好。

二十、厉害了，师弟！

这时8叔和9爷爷回来了，他们的年龄更大，但也更亲切、更慈祥。

8叔的体形和胖6差不多：胖，不仅有个大肚子，还有个圆圆的大脑袋。

9爷爷像太白金星，身材瘦小，腰背略弯，长着白胡子，总是笑眯眯的。

不用说，两人脖子上分别挂着8颗和9颗木珠。

8叔和9爷爷看到大家玩扔珠子游戏，也拿出各自的盒子：8叔的盒子能装8颗木珠，9爷爷的盒子能装9颗木珠！

胖6退出了比赛，他要和唐僧，还有拐7、8叔、9爷爷聊天。于是三个徒弟就用四个盒子，玩起了扔珠子游戏。

很快，他们就掌握了玩法，也熟悉了与盒子有关的各种算式。

悟空对 9 爷爷的盒子了如指掌：

9=1+8=2+7=3+6=4+5=5+4=6+3=7+2=8+1。

沙僧对 8 叔的盒子非常熟悉：

8=1+7=2+6=3+5=4+4=5+3=6+2=7+1。

八戒则对拐 7 的盒子特别了解：

7=1+6=2+5=3+4=4+3=5+2=6+1。

胖 6 的盒子，他们三个都知道：

6=1+5=2+4=3+3=4+2=5+1。

开始时，八戒总是输，因为他玩的时候，总爱想别的事，也就是爱开小差。悟空也输了很多次，因为他性子急，一心图快，就容易算错。而沙僧总是赢，因为他注意力集中，做事不急也不慢。

玩了多次后，悟空和八戒意识到了自己的问题。于是，悟空不再急于求成，算完后，还要再检查一遍；八戒也不再走神，学会了集中注意力。于是，后面的比赛，他们旗鼓相当，算是打了个平手。

平手了，就不玩了吗？不，他们太喜欢玩了，这么爱玩很可能是因为在仙界时，实在太无聊了，而且无聊的时间还很长，有一千多年呢！所以，三个爱玩的徒弟开始想：还有什么新玩法呢？

他们想了好久，终于想出一个新玩法：三个人一起往一个盒子里扔木珠！比如用9爷爷的盒子，第一个人先扔进盒中2颗木珠，第二个人再扔进3颗木珠，第三个人就得列算式计算：9−2−3=4。也就是说，如果第三个人扔进4颗木珠，就算赢了，否则就输了。

原来的游戏两人玩，现在多了一个人，又多了一个数，游戏更复杂、更刺激了，三个徒弟玩得好开心！

用新玩法后，沙僧总是赢。因为沙僧在数字前村时就仔细想过5、4、3、2、1这五个数的关系，而且他记得很清楚：5=1+4=2+3=3+2=4+1，4=1+3=2+2=3+1，3=1+2=2+1。这会儿正好用上了！

悟空喜欢思考，但他考虑的要么是大问题，比如算术国和几何国是干什么的，为什么算术国的国王是0等；要么是实际的问题，比如怎么抓乌鸦，怎么躲开圆柱等。他从来没想过5以下的数之间，会有什么关系，所以他总算错。至于八戒，他除了和吃有关的事，很少主动想别的事情，所以也总输。

最后，悟空和八戒心服口服，一起向沙僧跷大拇指："厉害了，师弟！"

唐僧等人听到这话，全都笑了，9爷爷说："你

们的表现都很棒！”

悟空说：“这游戏好，让我学会了怎样拆开一个数！”

拐7听到这话，向悟空竖起大拇指：“大圣说得好，拆开一个数，也就是数的分解，可是很重要的技能！”

唐僧说：“对，这虽然是个游戏，可关系重大，你们多玩玩吧，要不然，哼哼，等你们过关卡时，还得遭罪！”

三个徒弟都打了个哆嗦，因为那恐怖的圆柱可把他们吓坏了。在安静的气氛中，只听见“咕噜噜”的声响，原来是八戒，他实在忍不住饿，捂着肚子问：“师父，什么时候开饭啊？我……我饿了！”

9爷爷忙说：“马上开饭，马上开饭！不好意思，见到了唐长老，光顾着听他讲故事了！”

唐僧却不想放过三个徒弟：“吃完饭后，你们把做游戏时用的算式都写出来，看看里面还有什么规律！”

二十一、超级动作秀

三个徒弟吃了饭，却没写算式，这都是因为拐7的一句话。

吃饭时，拐7说："你们看了数字五兄妹的表演，刚才也玩得够开心，该你们表演个节目了吧？"

三个徒弟只好答应了，可表演什么呢？直到吃完饭时，三人也没想好。

8叔看到三人为难的样子，主动说："要不，我先表演个魔术吧！"

此时天色已黑，8叔把房间的灯全关了，只留下一盏灯照着他。8叔向后面挥了挥手，示意大家看墙上他的影子，大家看到的影子依然是8的形状：圆肚子的影子是下面的圆圈，圆脑袋的影子是上面的圆圈。

只见8叔突然向右转身，头向后仰，影子竟然

变成了6的形状！8叔又突然向左转身，同时收回一条腿，影子又变成了9！

大家正好奇8叔是怎么做到的，可表演还在继续，8叔把头往后一缩，只听扑棱一声，影子竟然变成了2小妹！接着，8叔又把肚子往回一缩，影子又变成了3小哥！

这一系列表演让大家惊讶不已，齐声喊："好！"

灯打开了，大家都问8叔："这魔术是怎么做到的？"8叔摸摸头又拍拍肚子，说："谁让我哪里都是圆的呢！"

轮到三个徒弟上场了。悟空却无奈地摊开双手："不好意思啊，我们只会打妖怪，不会唱歌跳舞……"

拐7说："别谦虚了，会说就会唱，能走就能跳！"

9爷爷想帮他们三个解围，就说："既然你们会打妖怪，就一定武艺高强，那来个动作秀，怎么样？"

八戒一听有了兴趣："动作秀没问题！您就说，想看什么动作吧！"

沙僧说："秀？秀是什么意思？"

唐僧赶紧解释："秀就是表演的意思！"

拐7说："我说一个物品或数字，你们三个联合起来，用身体摆出它的形状。我也不多说，只说3次，你们表演3次怎么样？"

三个徒弟没有办法，只好答应。等他们准备好，拐7说：“彩虹！”

悟空和沙僧面面相觑：这彩虹哪里是物品啊！?

八戒的反应却很快，他直接躺在地上，故意鼓出他的大肚子，然后喊：“你俩趴在我身上！”

悟空和沙僧想了想，明白了八戒的意思。于是沙僧扑在八戒的圆肚子上，悟空又扑在沙僧身上。

远看，八戒的圆肚子还真像彩虹中最小的拱形。大家边笑边点赞。

拐7又说：“8！”

三人此时已经进入状态，如有神助，八戒和沙僧都一手在上、一手在下手拉手，围成一个大圆圈，悟空一翻身，跳到他俩头顶，把身体弯成一个小半圆。

一个8就出现了，大家纷纷鼓掌。

拐7又说：“9！”

这可难办了：两人可以围成一个圆圈，但另一人作为9的“脚”，要举起来两人可就太难了。

只举一个人还是可以做到的，但这样就有一个人闲着，就违反了规则。

怎么办呢？

八戒突然想起了位置小精灵的六个方向：“上下有困难，可以左右前后啊！”于是他对悟空和沙僧喊：“咱们全都躺下！前后左右！”

于是，八戒和沙僧躺在地上围成一个圆圈，悟空直直地躺在圆圈的右前方，头对着八戒的屁股，成了9的“脚”！

出题人拐7无话可说，他说用身体摆出来，可没说一定要向上，而且用这个方法，三个徒弟只要躺在地上，什么物品或数字，十有八九都能被摆出来！这就是八戒的聪明之处，能活学活用。

突然，砰的一声响，悟空感受到一股热气喷在他的左脸上。悟空啊的一声，往右侧打了几个滚。

究竟发生了什么？

不用说，大家也能猜到——是八戒吃多了，放了一个大臭屁！

二十二、怎样表示 9+1

第二天早上，师徒四人原本要出发了，但 9 爷爷说要教给三个徒弟一些功夫，还说这些功夫非常重要，如果不会，就无法在数字世界生存，更不用说顺利走出数学世界了。

三个徒弟一想起山坡上滚下的圆柱，就胆战心惊，尤其是八戒，总觉得自己的脚后跟疼。他们听说能学到新功夫，都非常高兴。

吃过早饭，9 爷爷问三个徒弟："数字村总共就十个数字，最小的是 0，最大的是我，可是，人类经常要使用更大的数，比如七十二、十万零八千，这些大数怎么表示呢？"

悟空马上说："嘿，我问过等号怎样表示比 9 还大的数。他当时没回答我！"

9爷爷点点头："好，今天，咱们就一起搞清楚！"

八戒说："要表示更多的数，只能再发明一些新的数字了！"

9爷爷说："你要知道，数有无数个——无论什么数，只要把这个数加1，结果就是一个新数，再加1，就又是一个新数！所以说，数是无穷无尽的，要是每个数都需要用一个特定的数字表示，那就太麻烦了！"

悟空说："这么说，问题其实就是……怎样用现有的数字0、1、2、3、4、5、6、7、8、9来表示无数个数了？"

胖6、拐7、8叔、9爷爷和唐僧一起点头，觉得悟空总结得太好了。

9爷爷说："我们从简单的开始，先思考一个小问题——9要是加1，怎么表示？"

他边说边拿出两个玻璃盒，这两个盒子的形状和昨天三个徒弟玩过的、能装9个木珠的木盒一模一样。但因为是玻璃的，所以能清楚地看见里面有几颗珠子。

9爷爷把两个玻璃盒并排放在一起，往右边的盒子里放了9颗木珠，又拿起1颗木珠，说："一共是9+1颗珠子。9+1是多少呢，怎样用已有的数字来表示呢？”

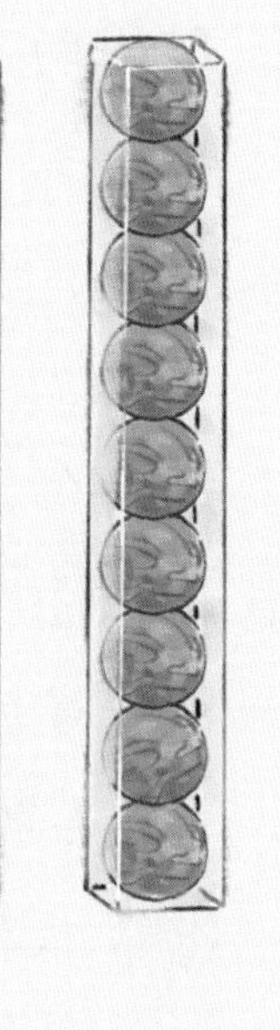

沙僧皱着眉头小声念叨：“右边的盒子没地方了……既然有两个盒子，那就放左边盒子里1颗？”

9爷爷就把手里的那颗木珠放进左边盒子里，然后一句话也不说，只是看着三个徒弟。

三个徒弟盯着盒子看了一会儿，悟空说：“前面的数字是1，后面的数字是9，写出来就是19，这对吗？”

沙僧说：“好像不太对，那怎么办……”

9爷爷一声不吭，又把右边盒子里的木珠都倒出来，再把盒子放回原处。现在，左边盒子里有1颗珠子，右边盒子里什么都没有。

八戒指着左边的盒子，说：“用这一颗珠子就能代表9+1了？”

悟空、沙僧也不确定，只好眨眨眼。八戒又问：“也就是说，1的位置不一样，表示的数量就不一样？”

悟空、沙僧又眨眨眼。八戒继续问：“有这两个盒子，我还能知道这个1在左边，它代表的是9+1，要是没有盒子，我怎么知道它究竟在哪里啊？”

悟空盯着右边的盒子，想起了等号的话——国

王0帮助了很多的数，又想起0的含义是没有，突然开了窍："前面的数字是1，后面的数字可以用0来表示，这样，两个盒子连起来，就是1和0，就是10。用10就能表示9+1！"

唐僧拍手笑道："对了！在1后面添上个0，就能表示出它在左边！同样的数字，位置不一样，表示的数量就不一样！"

9爷爷捋着胡子笑着说："这就是0的伟大之处。他能帮其他数字表示出所在的位置，让同样的数字具有不同的含义！所以0做国王，当之无愧！"

沙僧指着左边的盒子说："嗯，同样是一颗珠子，放在这个位置，含义就是10颗，真巧妙！"

八戒也说："不只是巧妙，更是神奇！"

悟空却又有了新问题："那10+1，怎么用数字来表示呢？"

二十三、三个基本功

8叔说："大圣问得好，我正要说呢！0不仅能帮助表示出数字所在的位置，而且有独特的含义——没有，所以要表示10+1，可以像数字1到9一样，从头再来。"

8叔往右边盒子里放了一颗木珠，现在，左边和右边的盒子都有了1颗木珠。"这就是11，也就是10+1，很容易写出来吧？"三个徒弟都点头表示明白。

8叔又往右边盒子里继续放木珠："再加1，就是12，再加1，就是13，到了19……"这时右边盒子里已经有了9颗木珠，8叔问："再加1，怎么办？"

沙僧说："刚才的规则是到了9+1，就往左边盒子里放1颗木珠……"

悟空说："对，往左边盒子里再放1颗，把右边

的9颗都倒出来！”

8叔照悟空说的做了：左边盒子里有2颗木珠，右边盒子里什么都没有。8叔问：“这个数怎么用数字写出来？”

八戒也逐渐明白了：“左边盒子两颗珠子，前面就写2；右边没有珠子，后面就写0。”

沙僧说：“就是20，对吗？”

悟空此时已经在桌子上写出来了，他指着数字2说：“这个位置的2的含义就是20！”

“太棒了！”大家一起夸奖三个徒弟。

胖6说：“**这就是位值记数法，即每个数字在不同位置，具有不同的值**，是人类历史上的重大发明。如果没有这种记数法，数学世界就麻烦大了！”

唐僧说：“位值记数法的神奇之处，是它只用10个数字——0、1、2、3、4、5、6、7、8、9，就能表示无数个数。”三个徒弟纷纷点头，表示同意。

9爷爷说：“唐长老，你的三位高徒果然名不虚传，爱思考，会提问，还会推理呢！”9爷爷的话音刚落，悟空又有了问题：“师父，什么叫推理？”

“别急，等我慢慢讲！”为了不打断9爷爷的话，唐僧连忙回应悟空。

9爷爷说：“你们过了数字后村，才算正式进入算术国。在算术国，你们要认识很多很多数，这是一个艰苦但又很快乐的旅程。要想旅途顺利，就得先在这里练好三个功夫……”

悟空就想学功夫，连忙问：“是什么功夫？快说说！”

“哈哈，大圣真是个急性子！听好了：第一个功夫是拆数！昨天你们玩的扔珠子游戏，练习的就是拆数，就是把9、8、7、6、5、4、3、2这8个数拆成2~3个数的和。”

三个徒弟点点头，9爷爷接着说：“第二个功夫是凑10！10是算术国的王子，非常非常重要，你们一定要熟记一个数字加几等于10。比如看到6，你就得想到4，因为6+4=10；看到7，就得想到3，因为7+3=10……”

9爷爷边说边拿出一个木盒说：“这盒子能装10颗木珠，你们多玩玩，就能练好凑10功了！”

三个徒弟互相挤挤眼睛，都很开心：他们都喜欢玩！当初来数学世界，就是因为在仙界太寂寞，没有好玩的！

9爷爷又说：“第三个功夫是加1！比如，2+1=3，3+1=4，…，9+1=10。”

悟空打了个哈欠，心想：这谁不会呀！

9爷爷看穿了悟空的心思：“别看加1法简单，

用处可大了，尤其对你们这样的初学者。比如计算5+3，如果你不会，就可以用加1法，就是在5的基础上，连续加三次1——5+1=6，6+1=7，7+1=8，就能算出正确结果！”

八戒很高兴，因为他现在会数数了，可计算总出错，加1法虽然听起来笨一些，可是能保证不算错啊！

悟空说：“听你说了凑10功和加1法，我再看9+1=10这个算式，就更加理解了！”

八戒和沙僧也说：“对，对，还有一点，就是空盒子就用0表示！”

9爷爷听了他们的话很满意，说：“这都是数学世界的基本功，师父领进门，修行在个人，你们自己**多练习、多体验**吧！”

三个徒弟一起站起来，向9爷爷行礼，说：“谢谢9爷爷！”

二十四、数怎样生存

三个徒弟玩了一整天木珠，并在晚上按照唐僧的要求，把拆数的算式全写了出来：

$9=1+8=2+7=3+6=4+5=5+4=6+3=7+2=8+1$

$8=1+7=2+6=3+5=4+4=5+3=6+2=7+1$

$7=1+6=2+5=3+4=4+3=5+2=6+1$

$6=1+5=2+4=3+3=4+2=5+1$

$5=1+4=2+3=3+2=4+1$

$4=1+3=2+2=3+1$

$3=1+2=2+1$

$2=1+1$

还把凑 10 的算式也写了出来：

$10=1+9=2+8=3+7=4+6=5+5=6+4=7+3=8+2=9+1$

唐僧看了之后很满意：“不错！写字要有手感，

踢球要有球感，算数嘛，就得有数感！熟悉了这些，你们就能有些数感喽！”

第二天清晨，师徒四人和胖6、拐7、8叔、9爷爷告别后，又上路了。

唐僧说：“徒儿们，数学世界里，除了数字村里这10个数字，我们再遇到的就都是数了。你看不到他们的身份证，想知道他们是几，只能问他们，或者靠我们自己计算了。”

悟空问：“师父，这些数靠什么生活呀？”

唐僧说：“数学世界里有各种算式，算式要用到数，这些数在算式里打工，就能挣到钱，挣到钱就可以在数学世界里生活。”

悟空又问：“那这些算式都是谁列的呢？”

唐僧说：“有一部分算式是人类列出的，这些算式会自动进入数学世界，寻找数来打工。还有一部分是数学世界的组织者列的，因为人类也把很多问题，直接传到数学世界，这些组织者要先分析问题，列出算式，再寻找数来打工。

悟空说：“那这些组织者就相当于人间的老板了？”悟空原来不知道什么是老板，这个词是等号告诉他的。

唐僧说：“也可以这么理解，这些组织者，噢，用你的话说，这些老板有数学大神，也有侠客，还有像我们这样的游客。”

听到大神，三个徒弟都急了：“我们什么时候能成为数学大神啊？”

唐僧笑了：“别急啊，你们现在的任务是多练习、多体验！”——这话和9爷爷说的一样！三个徒弟还是不知道什么时候能成为数学大神，但无论如何，他们都不想再当游客了。

八戒说：“体验？我不喜欢！我现在想想那些圆柱，还害怕呢！”

沙僧逗趣说：“这才减肥呢，你看咱们三个都瘦了！”

八戒说：“减肥？还是你自己减吧！我还是喜欢玩珠子……”

悟空说：“咱们猜猜，一会儿会遇到什么样的关卡。”

八戒说：“准备了这么长时间，肯定是算数呗。”

沙僧对八戒说：“如果需要数数，二师兄可不要溜号哟！”

悟空说：“我发现八戒会演戏，对图形也总有新想法，比如演彩虹、8，还有9，他居然能想出来，而且做得还很棒！”

八戒不好意思了:“大师兄，别这么说，我得向你学习，你总是能急中生智——那些圆柱滚下来时，我可什么主意都没有!”

二人互相夸奖，就是不夸沙僧，这是为什么呢?原来，在他们玩扔珠子时，沙僧总是赢，于是他俩偷偷约好了，故意气沙僧。

沙僧却一点儿也不生气，去西天取经时，他就一直默默无闻，早已习惯了。进入数学世界后，他惊讶地发现:数学可真好，能给他带来快乐。很快，别人说什么，他根本就不在意了。

他们边走边说，不知不觉来到了一条河边。这条河，好像就是智斗乌鸦时过的那条河，只是这儿

是下游。这里河面很宽，河水很急，不过水很清澈。八戒说："这水真干净，我下河洗个澡吧！"说着就蹲下来，把手伸到河里。没想到河水冰冷，八戒不由自主地打了个哆嗦。

唐僧说："好徒儿，这河水可是刚从雪山上流下来的雪水，凉着呢！"

大家一起笑了。数字村朋友们的热情招待，竟然让他们忘了这里还是高原呢！

洗不成澡，那就继续赶路吧！可河水这么凉，无论是蹚水，还是游泳过河都很危险。那样走到一半，就会被冻坏。他们四处张望，想找到船或者桥。

突然，他们惊喜地发现：河的上游，竟然有一座木桥！只要顺着河边走，就能走到这座桥。于是，师徒四人开心地走了过去。

二十五、要命的桥（上）

师徒四人走到桥边，发现这座桥很奇怪：桥头很长，还曲里拐弯；桥的栏杆用又高又厚的木板围得严严实实。人走在桥上像是在走迷宫！

看到这情景，三个徒弟心里直打鼓：这桥是一道关卡，里面肯定暗藏机关！

“要过这桥，需要你们独自解决几个问题。我先走了，你们慢慢商量吧！”唐僧说完，就骑着车上桥了，不一会儿，就到了对岸，悠闲地朝三个徒弟挥手。

八戒不敢上桥，可悟空偏不服气：“师父能走，咱们也能走！”说完他就走在前面，并用手拉着八戒；沙僧则在后面，用力推着八戒。三人就这么上了桥。

刚走几步，前面的木板就发出蓝光，接着传出一个声音:“请回答问题，请回答问题！”

三个徒弟只好停下来听题目:“一头牛和三粒米，哪个多？一头牛和三粒米,哪个多？”

八戒脱口而出:“当然是牛啊！”

那声音说:“你确定？你确定？”

悟空和沙僧感觉不对劲儿，悟空连忙向八戒摆手，沙僧伸手要捂住八戒的嘴。可是，八戒已经说出来了:“确定！”

只听轰隆一声，桥面突然翻转，三人顿时踩空，一起掉到了桥下。

好在这一段河水挺浅，三人挣扎着爬起来，衣服全都湿透了，他们哆哆嗦嗦地爬上了岸。悟空气得用拳头捶八戒:“叫你不要说，不要说！人家问的是哪个多！”

沙僧说:“一头牛和三粒米，要比大小，肯定是牛大，要比轻重，也肯定是牛重，可要比多少，就得比一比哪个数大呀！”

悟空说:“是啊,你给我说到底是1大还是3大?！”

八戒根本没仔细听题，更没好好思考，听他俩

这么一说，才意识到自己错了：“对不起，都怪我不认真！”

三人商量好后，又上了桥。在同样的地方，又遇到了同样的问题：“一头牛和三粒米，哪个多？”沙僧此时不干别的，只负责捂八戒的嘴。悟空想了又想，问题没变，就回答：“三粒米多！”

“通过！通过！”就这样，他们顺利过了第一关。

八戒挠着头说：“三粒米……居然比一头牛还多！”

沙僧说：“二师兄，**比多少，就是比物品的个数！**”

悟空也说：“对，这就是数学世界的规则，师父说了好多次，现在记住了吗？”

三人继续走了一会儿，发现前面居然有一道门！八戒说：“咱们现在的位置，是河中央……要是错了就惨了……”

悟空说：“你嘴别太快就好！”

细看这门上有个转盘，转盘上有三条直线，每条线上有三个圆圈，每个圆圈像密码锁一样，能转出数字，三人试了试，发现最小的数字是1，最大的是6。

这时有声音响起：“请转出不重复的数字，让每条线上数字的和是10。请转出不重复的数字，让每条线上数字的和是10。”

沙僧迅速拿出本子和笔，照着转盘画了一张草图。

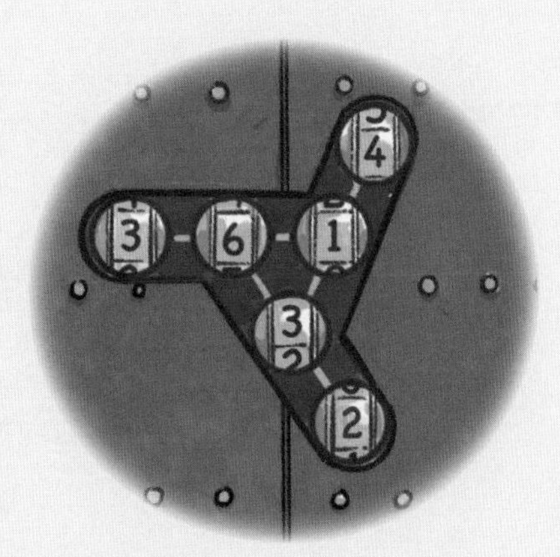

八戒说：“三个数字的和是 10，其实就是凑 10 呗？”

悟空说：“还是有点儿不一样，咱们之前玩的是用 2 个数字凑 10，现在要用 3 个数字。”

沙僧说：“没关系，只有 1、2、3、4、5、6 这六个数字，咱们挨个试试吧！”于是，他写出了三个算式：1+3+6=10，1+4+5=10，2+3+5=10。

三人又想了一会儿，发现再也列不出别的算式了。八戒说：“算式有三个，这里又正好有三条直线，每条直线放一个算式，不就好了？”

沙僧犯难了：“问题是……怎么放呢？”

是啊，怎么放呢？三人陷入了沉思。

二十六、要命的桥（下）

悟空盯着图看了半天，问道："中间的三个数字和外面的三个数字，有什么不一样？"

"我看……都一样啊！"八戒看不出差别。

沙僧说："不对，等等！还真的不一样……"

悟空说："哈哈，我知道了，中间的数字需要计算两次，而外面的数字只需要计算一次，对吧？"

"什么一次两次？不懂啊！"八戒还是一头雾水。

悟空说："你看，中间的数字，既是一条线的中间点，又是另一条线的起点，所以这个数字需要计算两次。"

沙僧说："噢，老天！这应该是个线索！"

八戒说："哎，师父说过，**事物的特点就是解题的线索。**"

悟空问："他什么时候说的？我怎么不知道？"

八戒不好意思地笑笑："其实他没说出来，是我偷看的……"

"你敢偷看！"悟空揪住八戒的耳朵，"说，看的什么？怎么不叫上我？"

二人正要厮打，沙僧说："两位师兄，快想想怎么利用这个线索吧！"

于是，三人又想了好半天，悟空说："既然中间的数字，需要计算两次，那么，它们就应该在算式中出现两次。"

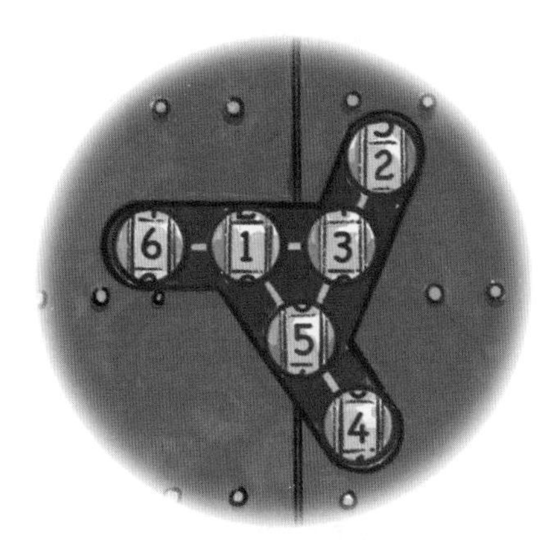

真是一语惊醒梦中人，三人连忙去看那三个算式：1+3+6=10，1+4+5=10，2+3+5=10。他们发现：1、3、5在算式里出现了两次，而2、4、6只出现了一次！

他们兴奋地说："1、3、5肯定是中间的数字！"于是，沙僧在中间的三个圈中，写上1、3、5。之后就简单了：与1、3连线的圈里是6，与3、5连线的圈里是2，与1、5连线的圈里是4，因为只有这样，才能凑成10。

三人又验算一下，确定没错，才小心地把草图

圆圈上的数字转出来。

红光闪烁，嘀嘀声响起，转盘转了几圈，门自动打开了："通过！通过！"

三个徒弟继续前进。虽然过了第二关，可他们一点儿也不敢放松，眼看就要到另一侧桥头了，木板又闪出蓝光，同时有声音响起："请回答问题！请回答问题！"

三人停下来听问题："找出规律，填上正确的数字。找出规律，填上正确的数字。"

接着，桥面上突然出现了一幅图，图中有四排格子，最上面一排的 4 个格子里，是 1、2、6、7，第二排有 3 个格子，最左边的格子里是 3，其余的是空的。第三排有 2 个格子，左边的格子里是 4，右边格子是空的。第四排只有一个格子，里面是 10。

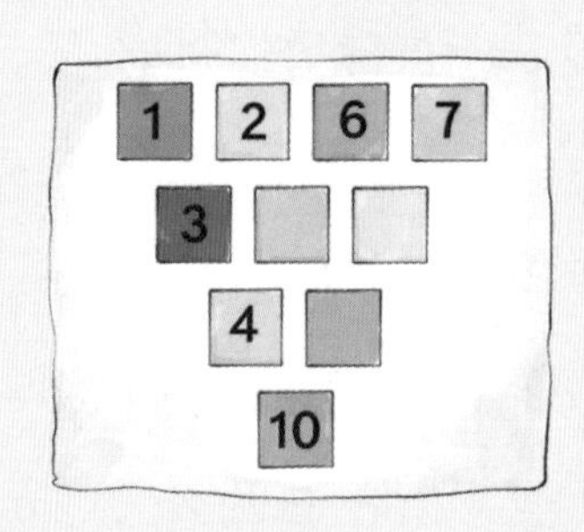

三人看后，知道空格里需要填数，可怎么也想不明白规律是什么？

悟空指着最左边一列说："1+3=4？可它下面，又有个 10！"

沙僧说："那就不是规律！我觉得，规律应该是反复出现的吧。"

沙僧拿出本子和笔，又写又画，可怎么算都不对。

悟空抢过本子和笔："让我来！"结果他试了好久，也不对。

八戒没有本子和笔，只好蹲下来，看着桥面上的图形，用手指在上面画，过了一会儿，他突然想到，可以按大小顺序来，1—2—3，当手指从 4 移向 6 时，八戒有了灵感："数字在一个一个变大，还来回走斜线！"

为了验证这个想法，八戒又从 7 往 10 的方向画去，8—9—10，太好了，就是这个规律！

八戒站起身来，大声说："我知道了！第二排左边是 5，右边是 8，下面的是 9！"

话音刚落，就传来了他们期盼的那个声音："通过！通过！"

就这样，三人顺利过了第三关，成功走过这座要命的桥。

唐僧站在桥边，笑呵呵地摆手，欢迎三人。悟空却有些生气，嚷道："师父，想当年都是我们保护你，如今我们没了神通，你跑得却真快！"

唐僧说："好徒儿，你们不知道，只有亲身经历，才能印象深刻。我这是给你们体验的机会呢！"

体验！又是体验！这要命的体验！三个徒弟气得直翻白眼，却无话可说。

二十七、唐僧的惨痛经历

师徒四人继续前行。走出山谷，他们突然发现：眼前的景色，豁然开朗！

远看，有重重叠叠的高山。近看，是无边无际的河谷，河谷里长满了绿草，像一块巨大的绿色地毯。地毯上有星星点点的图案，仔细看，是野牛和羚羊在

悠闲地吃草，时不时还会有成群的羚羊撒欢狂奔。

看到这美丽的景色，大家的心情舒畅多了。三个徒弟对师父的怨气也消了很多！

沙僧问："师父，你怎么就能顺利过关呢？"

八戒说："师父，你不知道掉到河里是什么滋味吧？那河水可真凉！"

唐僧脸红了："你怎么知道我没掉下去过？"

三个徒弟顿时有了精神："您也掉下去过？哈哈哈，师父，快讲讲！"

唐僧说："我第一次过这桥时，还不如你们呢！你们还能互相商量、提醒，可那时我就一个人，真叫一个惨！"

悟空问："到底怎么惨了？"

"那时的我，怎么也不明白一头牛和三粒米，哪个数量大！我以为肯定是牛大，结果，连着掉下去12次！"

三个徒弟一听，全都大笑不止。12次！真够惨的！他们都没想到，师父还能遭这样的罪。

八戒说："掉下去一次，你就换个答案嘛！"

沙僧说："对啊，这道题总共就有两个答案，要么一头牛大，要么三粒米大！"

悟空说："师父嘴硬，你们又不是不知道……还

记得取经时，他都被妖怪扔进锅里，要被炸成肉干了，也不说一句求饶的话……”

唐僧说：“那时的我太喜欢坚持自己的想法。现在想想，这也是个缺点。从那以后，我遇事时，就不再固执己见，而是会多想想还有没有别的可能。”

悟空说：“这个收获倒是很好！”

“要说收获，还有更多呢：如果没有12次落水，我永远想不通多少和大小究竟有什么区别！”

悟空说：“**想要比多少，就得先把数量找出来，再比数的大小！**”

八戒点点头：“现在我明白了：比多少，其实是比数量。一头牛的数量是1，三粒米的数量是3，1和3比，当然是3大！”

沙僧又问唐僧：“师父，这么说，自从你过了这桥后，就开窍了？”

唐僧说：“开窍？其实这不是开窍不开窍的问题，只要反复练习就好了。过桥后，我就强迫自己数数，看到一群牛，就去数有几头；看到一群羊，就去数有几只……遇到什么，我就数什么。我还给自己出题目，主动练习加减法。时间长了，就数得对，也算得对了，更明白了多少的含义。”

悟空说：“原来如此！以后咱们也这样，看到什么就数什么！”

沙僧说：“好啊好啊，数起来，算起来！”

八戒说：“这样反复练习，也是体验吗？”

唐僧说：“对啊，这也是体验。学数学就是要多体验，今天我要是告诉了你们答案，你们虽然掉不下去，但永远也记不住、想不通！”

三个徒弟终于明白了师父的良苦用心，也知道了师父的经历，很好玩！

这时悟空又问：“师父，那你到桥中间时，打开那个门了吗？”悟空明明知道：如果师父算错了，就不会有今天，可他偏要这么问，因为他就想知道，师父在第二关的表现。

“当然打开了！只是第二关时，我想了好久……”唐僧回忆道。

“有多久？”三个徒弟同时问，一脸坏笑。

唐僧这时才反应过来，有点儿不好意思：“也没多久，就……两天吧！”

三人本来还想再次大笑呢，可奇怪的是，都没笑。为什么呢？他们既心疼师父，又佩服师父，想想师父受的苦，再想想自己的经历，心中不但没了怨气，反而充满了感激。

二十八、规律是什么

走在美丽的原野上，三个徒弟又想玩儿了。这时他们看到路边有一头小野牛在低头吃草。悟空淘气，八戒想偷懒，俩人想到了一起，都想骑上那头小野牛，可小野牛很警惕，没等二人靠近，就跑得远远的。

正巧，山坡上有一群羚羊在飞奔，二人又去追羚羊。可羚羊跑得飞快，他们根本追不上。

折腾了半天，悟空和八戒都出了一身汗，累得够呛。师徒四人就干脆停下，好好休息一下。他们躺在草地上，望着天空的白云，心情无比舒畅。

可悟空喜欢思考，所以只过了一小会儿，就又开始提问题了："师父，今天过桥时，它让我们找规律，什么是规律？为什么要找规律？"

"**简单地说，规律就是反复出现的东西。**比如：一个妖怪先隔 3 天出一次门，再隔 5 天出一次门；又先隔 3 天出一次门，再隔 5 天出一次门；之后又先隔 3 天出一次门……"唐僧像在说绕口令。

悟空说："明白了！3、5 反复出现，就是规律了？"

唐僧终于停下来："对，反复出现就是规律！"

悟空接着问："那……为什么要找规律呢？"

八戒顺口就来："为了打妖怪呗，这都不知道！"

唐僧说："不只是打妖怪！你们再想想，要是知道了妖怪出门的规律，就不用傻等了吧。这样就节约了时间，对吧？这就是找规律的一个好处：能预测一件事发生的时间。"

八戒就是嘴快，又接话道："哪里有那么多规律啊？"

“太多了！世界上的事，很多是按照某个规律运行的。比如人们发现：两次月圆相隔的时间大约是30天。利用这个规律，人们就能知道哪天晚上月亮大，这天的夜晚，就利于打猎或赶路。”

悟空明白了：“你的意思是说，如果人们能找到规律，再利用规律，就能活得更好呗？”

唐僧点头同意：“没错！”

沙僧也有问题：“可是，师父，找规律和数学又有什么关系呢？”

唐僧笑了：“大部分规律可以用数学来表示，比如刚才那个3、5，3、5的规律，用语言说出来费事，可是用数表示就简单明了：这就是数学的魅力！”

八戒说：“没想到数学的用处还挺多，打妖怪也能用上！”

这次轮到唐僧大笑了：“哈哈，你们以为数学就是数数和算数？不！不！不！数数和算数只是数学世界的开始。数学是要研究整个世界的规律！”

沙僧问：“这个世界有什么规律？”

“规律无处不在，一朵花、一棵草的形状，都是按照某种规律长出来的，而这些规律大多可以用数学表示。”

“啊！”三个徒弟没想到数学的用处竟然这么多，

更没想到数学研究的范围这么大。可他们连数数和算数还不熟练呢，这这这……还得走多远啊？想到这里，三人有些焦虑。

唐僧看到他们的表情，赶紧安慰说：“你们不用担心，其实学数学有诀窍：**一个数学知识，无论看上去有多难，都是从简单的开始的。**”

“想想咱们的经历：先认识了数字原身 0、1、2、3、4、5，再认识了 6、7、8、9……马上我们就要认识 11~20 了——为什么是这个顺序呢？”

三个徒弟愣了，他们还真没考虑过这个问题。

“如果你掌握了 1~5 的含义和运算，就很容易明白 6~10；如果你又掌握了 6~10，就很容易明白 11~20 的含义和运算。这就好比上台阶，站在第一个台阶，就能轻松走上第二个台阶！一个一个走，一定能走到最高处！”

唐僧这么一说，三个徒弟又有了信心。他们收拾东西，继续前进，向二十村走去。

为什么叫二十村呢？唐僧说：因为这个村的村民，都是 20 或比 20 小的数。

二十九、繁华的二十村

师徒四人走进二十村，发现这里可比数字村大多了，简直能算个镇。村里有好几条繁华的街道，街道两边的店铺生意火爆，挤满了人。人们的长相和东土大唐的人一样：黑头发，黑眼睛，黄皮肤，

只是衣着都很轻便、简单，没有人穿大唐人喜欢穿的长袍。

唐僧说:“从现在开始，我们每到一个村镇，就要找到村长或镇长盖章，证明我们来过这里。”

于是他们走到村公所，找到村长。唐僧拿出一张皱皱巴巴的地图，村长在地图上找了好半天才找到二十村，然后在上面盖了个红章。

悟空注意到，村长的脖子上什么都没有，又想起9爷爷说的话：数没有身份证。可悟空还是好奇：“请问村长，你是哪个数啊？”

村长慢悠悠地说:“我是20。”

悟空又问:“那你是这村里最大的数了？”

村长说:“20是本村最大的数，不过，村里有很多20呢！这里不像数字村，数字村就那么几个原始的数字和符号。我们村的每个数都有很多。”

沙僧问:“为什么会这样呢？”

村长说:“原因很简单，因为人类使用我们的次数特别特别多。”

三个徒弟明白了:“怪不得你们村这么繁华！”

村长说:“人多事就多，我都要忙死了！不过你们最好多去体验馆和训练营，要不然有可能出不了村，过不了关哟！”说完他就去忙别的事了。

原来，在数学世界里，有三个特殊地点可以给游客提供服务。第一个是体验馆，让游客体验本地风俗和居民的习惯。第二个是训练营，让游客练习本地数的运算。第三个是问诊室，游客如果过关失败，可以回来接受治疗，等身体康复后，继续过关。

师徒四人在村里安顿好食宿后，就直奔体验馆。体验馆里有个小剧场，师徒四人坐好后，表演就开始了。

最先走上舞台的是主持人，他自我介绍："大家好，我就是10！"他边说边把外套敞开，只见衬衣上画了两个方框，左边方框里写着1，右边写着0。

八戒拍着巴掌笑道："这方框，和9爷爷的盒子一样嘛！"

主持人说："你可以把它看成盒子，因为它们都能表示出一个数字的位置！但实际上，它们还有个称呼：右边的叫个位，左边的叫十位。"

主持人还介绍了在加法算式中，加号两边的数都叫加数，加法计算的结果叫和。在减法算式中，减号左边的是被减数，减号右边的是减数，减法计算的结果叫差。

接着，11、12、13、14、15、16、17、18、19和20共十位演员，依次走上舞台，每人上台后都先作自我介绍，再表演加法或减法算式。他们的表演和数字五兄妹的表演一样精彩、魔幻，三个徒弟不停地鼓掌叫好。

最后，演员们抬出一块黑板，黑板上写着：

11－10=1　　12－10=2　　13－10=3

14－10=4　　15－10=5　　16－10=6

17－10=7　　18－10=8　　19－10=9

20－10=10

主持人说："请各位说说自己的感受，或者发现的规律，说得好，就可以免票，要不然，就得花钱买票啦！"

师徒四人想了一下，悟空说："11到19，这些数要比较大小，只要看个位数的大小就知道了！"

八戒说："20是2个10的和！"

沙僧说："1到10，每个数都加10，和就是你们！"

唐僧说："1在十位上，就表示有10个1，2在十位上，就表示有20个1。"

演员们都竖起了大拇指，师徒四人讲得非常好，自然不用买票啦！

三十、二十村的训练营

师徒四人接着去训练营。训练营是一个大院子，里面有并排的四间屋子。唐僧进院后，一点儿也不客气，直奔院中的石桌石凳，悠闲地喝起茶来。三个徒弟明白了他的意思，也就不说什么，直接走进第一间屋子。

屋子里有一个教练，长得白白胖胖的。他说：“咱屋的主题，是训练 9 和其他数字的加法，就是这些算式。”

教练说完拿出一块小黑板，上面写着算式：

9+9=　9+8=　9+7=　9+6=

9+5=　9+4=　9+3=

9+2=　9+1=　9+0=

还没等三个徒弟说话，教练接着说：“计算它们有方法——把另一个加数拆出一个1，因为9+1=10，所以拆出1后，剩下的数，就是得数个位上的数字。”

三个徒弟一看，笑了：这不就是拆数法，再加上凑10功嘛。简单！因为一个加数是9，所以要从另一个数中拆出1，才能凑成10。于是，沙僧代表三人，在小黑板上写出答案：

9+9=9+1+8=18　　9+8=9+1+7=17

9+7=9+1+6=16　　9+6=9+1+5=15

9+5=9+1+4=14　　9+4=9+1+3=13

9+3=9+1+2=12　　9+2=9+1+1=11

9+1=10　　9+0=9

等他写完后，教练又提出了新要求：不但要会计算，还要算得又准又快，因为计算是数学世界的基本技能，如果不熟练，以后就难以生存。

于是，三个徒弟开始练习。可是，他们这一路很少有机会写字，所以写出来的数字，都歪歪扭扭，还特别大。有时一个算式还没写等号呢，就写到了纸的另一边；有时一使劲，还把纸捅个大窟窿。遇到这些情况，只能重写。所以，没多大会儿，三人就用光了一沓纸。

教练没批评三人，反而不住地鼓励他们，说他

们勤奋，熟能生巧，相信他们会做得更好，还拿来更多的纸，发给三人继续练习。

没多久，三人写的数字就工整多了，算的速度也快了。又过了一会儿，悟空先发现了规律："这些算式，和的十位上的数字都是1，个位上的数字都是另一个加数减去1，比如9+4，和的十位上的数字是1，个位上的数字就是4−1=3，就是13！"

八戒和沙僧听后，又仔细看一遍算式，发现还真对——这就是窍门啊！三人掌握了窍门，计算速度更快了。于是教练拿出秒表，测三人的计算时间。结果显示，三人都合格了。这样，他们就进入了第二间屋子。

第二间屋子的主题是8和其他数字的加法，训练方法和第一间屋子一样。三人一看又笑了：这还是拆数法加上凑10功！区别是，为了让8凑成10，拆数时要拆出2。悟空代表三人，在小黑板上写出答案：

8+9=8+2+7=17　　8+8=8+2+6=16

8+7=8+2+5=15　　8+6=8+2+4=14

8+5=8+2+3=13　　8+4=8+2+2=12

8+3=8+2+1=11　　8+2=10

8+1=9　　8+0=8

之后，三人又反复练习，同样发现了窍门，就是另一个加数减去2,得到的就是和的个位上的数字。过了一会儿，他们就达到了教练的要求——算得又准又快。这样，他们就进入了第三间屋子。

第三间屋子的主题是7和其他数字的加法，训练方法和之前一样。三人又笑了：这还是拆数法加上凑10功！区别是，为了让7凑成10，拆数时要拆出3。八戒代表三人，在小黑板上写出答案：

7+9=7+3+6=17　　7+8=7+3+5=15

7+7=7+3+4=14　　7+6=7+3+3=13

7+5=7+3+2=12　　7+4=7+3+1=11

7+3=10　　7+2=9

7+1=8　　7+0=7

第四间屋子的主题是6和其他数字的加法，训练方法依然没变。这还是拆数法加上凑10功！区别是，为了让6凑成10，拆数时要拆出4。三人一起在小黑板上写出答案：

6+9=6+4+5=15　　6+8=6+4+4=14

6+7=6+4+3=13　　6+6=6+4+2=12

6+5=6+4+1=11　　6+4=10

6+3=9　　6+2=8

6+1=7　　6+0=6

悟空和八戒完成任务，走出第四间屋子，这时，唐僧刚喝了两杯茶！唐僧看到他俩，有些意外："徒儿们，你们也太快了吧！做练习了吗？"

悟空很得意："不快不快！全部完成任务，保证算得又准又快！"

八戒说："这要谢谢9爷爷，他教的三个基本功，今天用上了俩！"

过了一会儿，沙僧才出来。原来，他把所有算式都抄在了一张纸上。沙僧挥了挥那张纸，然后像对待宝贝一样，小心地把它塞进怀里，对三人说："这里肯定还有规律，等我回去再找找！"

三十一、数扣子的方法

师徒四人出了训练营，在大街上没走几步路，就发现不大对劲儿：所有人都用异样的眼光看着他们。这是为什么呢？

想了一会儿，他们才明白：村民们都穿短上衣，而他们却有的穿着长袍，有的拿着金箍棒、九齿钉耙和降妖宝杖。在村民眼里，他们真的好奇怪！

悟空问："师父，他们穿的是什么衣服？"

唐僧说："现代人穿的服装。"

悟空问："其他村镇的居民也这么穿？"

唐僧说："当然，在数学世界，除了数字村，其他村都很现代化！"

三个徒弟听后异口同声地说："那咱们换身衣服吧！"

唐僧说：“好啊！可……咱们有钱吗？”

三个徒弟顿时傻了眼。在仙界里，他们可以随便吃喝，根本不需要钱！所以不习惯带钱。出发时，只有唐僧带了几两银子，可这些天住店、吃饭，银子马上就要用光了，哪里有钱买衣服！

可没钱也挡不住爱美之心。四人走着走着，就不自觉地进了一家服装店。店内衣服很多，每人看中了一套衣服，可他们不付钱，也不走，就是傻傻地看着，时不时还苦笑……

老板看出了他们的心思，就问：“你们有什么困难？如果有，尽管说出来，我可以帮你们！”

八戒说：“我们想买衣服……可……没钱……”

老板说：“没钱没关系，可以挣啊。正好我有个活儿，有一箱扣子要装袋，每个袋子里要装 20 个扣子。如果你们能干这个活儿，这四套衣服就算工钱了！”

四人美坏了，立刻答应下来。老板把他们领到后院，只见院里有一个特别大的箱子，箱子里装满了扣子！

特别大是多大？这么说吧，这一个箱子能把八戒整个人都装进去！

四人心中暗暗叫苦：这扣子也太多了！他们和店老板商量能不能少装一些。可老板毫不让步，只答应除了四套衣服，再管他们吃一顿晚饭。

师徒四人只好同意，并分成两组：悟空和八戒一组，唐僧和沙僧一组。两组分别在两个桌子上数扣子、装袋。他们都好胜心强，不由自主就开始了比赛。

唐僧和沙僧平时数数就又准又快，装袋就快。而悟空和八戒平时数数慢，装袋就慢，1、2、3……等他俩完成一袋时，唐僧组已经完成了两袋。

悟空和八戒毫无办法：**不熟练，只有多练习。**过了一段时间，悟空已经熟练了，就开始琢磨新办法。悟空发现：两个两个地数会更快——2、4、6、8、10、12、14、16、18、20——只要数10次就行！

于是，悟空和八戒用新办法数扣子、装袋。一小时后，悟空组数的扣子就和唐僧组的一样多了。又过了一小时，悟空组数的扣子，竟然比唐僧组多了！

唐僧和沙僧不明白：他俩怎么这么快呢？于是，唐僧走到悟空组身后，偷偷观察，很快就知道了他俩的秘密。于是，唐僧组的速度也变快了。

悟空见状，又琢磨新办法：四个四个地数——4、8、12、16、20。这样数 5 次，就能完成一袋。可是，他俩不熟悉 12、16 等数，所以速度并没有快多少。于是，悟空也走到唐僧组身后，偷偷观察。

悟空发现唐僧和沙僧数数的方法很特别：五个五个地数——5、10、15、20。只要 4 次就能完成一袋！二人边数边说：“一五，一十，十五，二十……”

悟空感叹：“怪不得呢，这么说既顺口，又好算！”

就这样你追我赶，到了晚上 9 时，师徒四人终于完成了任务，高高兴兴地换上新衣服，走在回旅店的路上。

服装店的老板却后悔不已，扶着箱子大哭：“赔了赔了！他们一顿饭吃的比我一个月吃的还多！”——没办法，谁让八戒的饭量大呢？

三十二、发明新游戏

第二天早晨，悟空和八戒还在睡梦中，沙僧就嚷起来了："快起来，快起来！我有重大发现！"

悟空和八戒迷迷糊糊地坐起来，揉着眼睛说："什么发现啊？"

沙僧骄傲地说："我发明了一种游戏！"

悟空一听游戏两个字，立刻就清醒了，忙问："什么游戏？快说说！"

沙僧拿出一张纸，纸上写着他在训练营抄写的算式："昨天咱们虽然做了很多练习，可我总感觉还是不熟悉11到19这些数，不知道怎么拆开它们，我就一个一个地研究，终于找到了重点！"

悟空说："重点是什么？"

沙僧又拿出一个本子，翻开递给悟空，只见上面写着：

11=6+5=7+4=8+3=9+2

12=6+6=7+5=8+4=9+3

13=7+6=8+5=9+4

14=7+7=8+6=9+5

15=8+7=9+6

16=8+8=9+7

17=8+9

18=9+9

沙僧说："这些才是重点，咱们要反复练习！"

话音未落，只听扑通一声，原来是八戒一头倒在床上："就是练习啊，我还以为多好玩呢。你们练吧，我先睡会儿！"

悟空没理八戒，继续说："嗯，把这些数拆成两个数相加，我也不太熟练，不过我知道这是重点，因为9爷爷说过，让我们到了二十村后，好好练拆数……

沙僧说："嗯？我怎么没听到？"

悟空说："他和师父聊天时，我偷听到的，可师父没说……"

沙僧说："师父是想……让咱们自己体验、总结？"

悟空扭头去看唐僧，见唐僧睡得正香，就说："哼，这个臭师父，天天就知道给我们出难题，什么事都不说！"

"不说没关系，我已经找到了重点！"沙僧有些得意。

悟空说："可是，你刚才说发明了游戏，这些题目和游戏有什么关系？"

沙僧嘿嘿一笑："因为一个数可以有不同的拆法！"

悟空指着最下面的两行，说："17=8+9，18=9+9，只有一个算式，怎么会有不同的拆法？"

沙僧说："这两行不算，咱们看上面的。你看，这11和12有四种拆法，13和14有三种拆法，15和16有两种拆法。"

悟空还是不明白："一个数有几种拆法——就能玩？怎么玩？"

沙僧指着13这行说："比如这个，我先说7+6，对手就得说8+5，或者9+4。如果谁说错了或说不出来，就算输。"

悟空问："你的意思是，你说一个加法算式，我要先算出它们的和，再把它拆成新的加法算式？"

沙僧激动地点点头："对！对！"

悟空又问："可是，13也可以拆成10+3，11+2，12+1啊？"

沙僧急得直拍大腿："不是这个意思！这种拆法谁都熟，它们不是重点！"

悟空笑了："哦！你的意思是，加数中不能有10和10以上的数？"

沙僧说："噢，老天！太对了，大师兄，你真是会说！"

悟空指着最下面的四行说："按这个规则，15、16只能拆成两个算式，如果是三个人玩，怎么办？"

"根据人数嘛！如果两人玩，可以玩11到16的数的拆法；如果三人玩，可以玩11到14的数，如果四人玩，就只能玩11和12了。"

悟空说："好吧，咱们三人先玩13、14的拆法，等练熟了，再叫上师父玩11、12，争取赢了师父！”

于是悟空叫醒八戒，三人开始玩起来。结果呢？当然是沙僧赢得多，因为游戏就是他想出来的。

悟空和八戒虽然赢得少，可通过练习拆数，逐渐克服了自己的弱点。玩到最后，八戒突然一拍桌子，大声说：“我发现，今天的游戏，怎么和训练营里的练习正好相反呢？”

沙僧想了想，说：“是呢，真是这么回事！”

这时唐僧睡醒了，插话道：“等号的含义不仅仅是左边等于右边，也是右边等于左边，对吗？”

三个徒弟点点头：这等号看着简单，可在实际运算中并不简单！

唐僧坐起来，又说：“好像有人趁我睡觉在说我的坏话？”

沙僧和八戒一齐指向悟空：“是他！”

三十三、过草块（上）

原来，唐僧早就醒了！悟空只好乖乖地受罚，靠墙倒立了半小时。之后，师徒四人美滋滋地吃了早饭，继续赶路。

出了村，看到美丽的风景，大家的心情就更好了。现在，谁都不后悔来数学世界——虽然过关卡时有危险，可快乐更多！比如通过昨天的劳动换到自己喜欢的衣服。这让每个人都觉得自己是有能力、有价值的。这种感觉太美了，比在仙界不愁吃喝的感觉要强一万倍！

走着走着，前面突然没了路，而是一大片水，水中漂浮着一个个草块。每个草块都是圆的，只是大小不同：大的有井盖那么大，小的只能放下一只脚。清澈的水和绿油油的草，加上倒映在水中的蓝天白

云，漂亮极了。

八戒伸出脚，想踩到水里，试试深浅，却被唐僧拦住："别动！下面全是烂泥，你要是踩下去，就拔不出来了，只能一直沉下去！"——好危险！八戒被吓出一身冷汗。

悟空的身体灵巧，他跳到一个草块上，踩一踩，还算结实，原来草下面是大块的泥巴。看来要过这片水，只能踩着这些草块蹦过去了。

于是，师徒四人就在草块上又蹦又跳：悟空在前，八戒和沙僧在中间，唐僧在最后。唐僧扔掉了自行车，虽然心疼、舍不得，可也没办法。

没跳几下，悟空就停下了，八戒和沙僧在后面问："怎么不走了？"

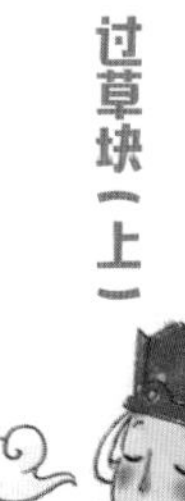

悟空说："这是一道关卡！"

八戒好奇，也跳到悟空站的草块上。只见水下蓝光闪闪，前面有三个草块，呈一字形排开。突然，那熟悉的声音又响起来："这三个草块只有一个是真的。找到规律，选出真的跳过去。找到规律，选出真的跳过去。"

唐僧在后面喊："小心哪！错了就惨了！"

可悟空和八戒不知道："找什么规律？根据什么找？"

二人看看前后几个草块，它们大小一样，草也一样，还都长了一种奇异的花。不同的是：每个草块上的花的数量不一样。悟空和八戒站的草块上有4朵花；后面沙僧站的草块上有2朵花；再往后，唐僧站的草块上有1朵花。而他们前面一字排开的三个草块上，分别有6朵、7朵、8朵花。

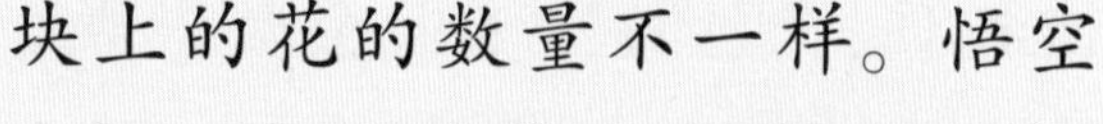

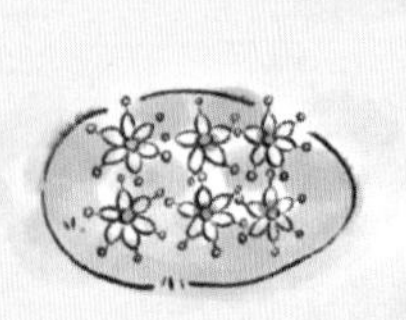

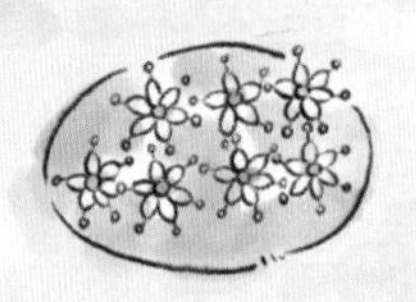

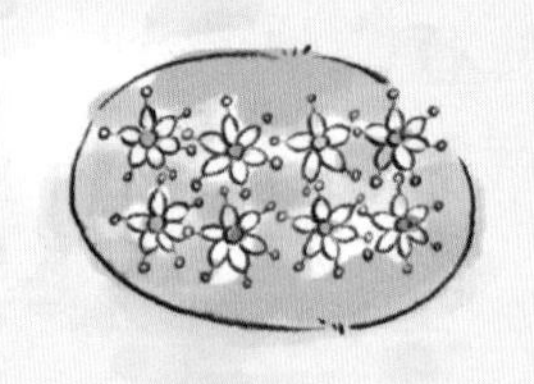

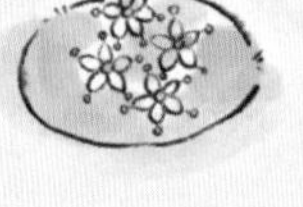

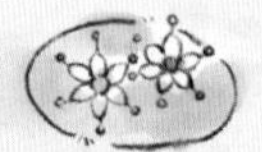

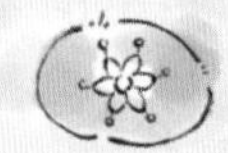

沙僧问："大师兄，你看看，再往前的草块上长

了几朵花？”

为了看清楚，悟空只好骑在八戒的脖子上。他数了3遍，最后确定：再往前的草块上有11朵花！

这里面有什么规律呢？沙僧拿出本子，画了一张图。

有了图，数字之间的关系就清楚多了。沙僧发现：最下面的1，要是加1，就等于上面的2；2再加上2，就等于上面的4。那下一步就是加3吗？

于是沙僧在7上画了个勾，这时他突然想起：规律一定是反复出现的，这么说，下一步就是加4了？那好，我来验算一下：7+4=11。嘿，正好！真是这个规律：每次的加数都比前一次大1。

沙僧收起笔，声音都有些颤抖了：“是7！是有7朵花那块！”

悟空纵身一跃，跳到有7朵花的那个草块上。

蓝光变成了红光，同时发出嘀嘀声。可是，当悟空继续向前跳到有11朵花的草块上时，嘀嘀声却消失了！蓝光又闪起来，那声音也响了：“这3个草块只有一个是真的。找到规律，选出真的跳过去。

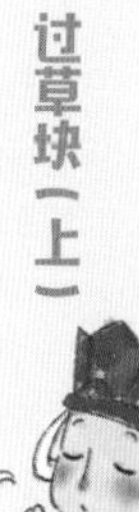

找到规律，选出真的跳过去。”

原来，前面又有三个草块。悟空数了3遍，确定它们分别有16朵、18朵和20朵花。

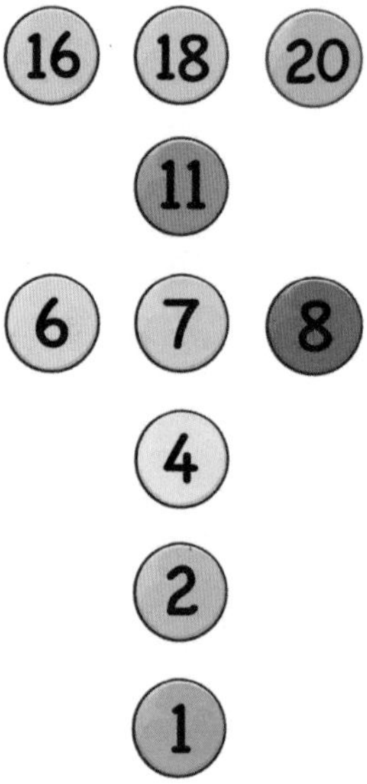

16 18 20
11
6 7 8
4
2
1

沙僧却很淡定，因为他确信自己掌握了规律：加数继续加1，是11+5=16，没错，就是16，左边那块！

当悟空跳到有16朵花的草块上时，蓝光又变成红光，嘀嘀声也响了起来——他们总算过关啦！

三十四、过草块（下）

师徒四人继续向前，他们又蹦又跳，谁也不敢马虎，都专心盯着脚下的草块，原因很简单：谁都不想掉下去，遭一番罪！

悟空跳了好久，突然听见那声音又响起："请回答问题！请回答问题！"水下又闪起蓝光。悟空心想："又要算数了！"可抬头一看，前面的草块上竟然站着两个小孩儿！

这两个小孩儿一高一矮，都穿着青色的长袍，一件袍子绣着金色的图案，另一件绣着银色的图案。

他们笑着说："老朋友，你好啊！"

悟空说："你们是谁？我不认识……"

"咱们打过交道，不过这次，是太上老君派我们来的！"

悟空明白了：这两个小子一个是金角大王，一个是银角大王！于是他警惕地问："你们来干什么？"

高个子说："我家主人知道你们的钱没带够，特意让我俩来送一些。"说着他从背后拎出一个小皮箱。

悟空伸出一根手指往回勾了两下："好，扔过来吧！"

矮个子说："别急，给你们可以，但要先完成一个任务！"

悟空说："早知道会这样，说吧！"这时，八戒和沙僧也跳到悟空身边，三人站在同一个草块上，唐僧站在后面的草块上。

矮个子说："如果我俩各代表一个数，我俩加起来的和为 15。"

高个子说：“他代表的数又比我代表的大1，猜一猜我俩分别是几？”

矮个子说：“猜对了给你们钱，猜错了……”他看看三人的脚下：“嘿嘿，你们可要小心喽！”

悟空心想：这真是兔子撞枪口上了，拆数他们最熟悉了。于是他转过头问：“15有几种拆法？”

八戒张嘴就说：“7+8，6+9！”

悟空说：“哪两个差1？”

沙僧和八戒一起说：“7和8啊，太简单了！”

三个徒弟一齐指着高个子说：“你是7！”又指着矮个子：“你是8！”

两个小孩互相看看，笑了。高个子把箱子扔给悟空，然后二人拱手作揖说：“三位果然厉害，佩服！我家主人在前面等你们，祝旅途愉快！”

说完后，他们就消失了！这时水下闪起红光，嘀嘀声也响了起来。

就这样，师徒四人顺利通过这片水。休息时，唐僧说：“其实金角大王、银角大王的题挺难的，没想到你们竟然顺利解决了！”

八戒说：“那当然，因为我们厉害呀！”

悟空说：“别吹牛了，是沙和尚发明的游戏让我们练习了拆数！”

唐僧摇摇头："你们没发现，这道题有什么不一样吗？"

三个徒弟一起问："哪里不一样？没发现啊！"

唐僧说："每道数学题都会先列出条件，我们就按照条件的要求去寻找答案。比如：8 加 7 等于几？条件就是 8 和 7 相加。"

悟空说："那当然！要是没有条件，就不是数学题了！"

唐僧说："可是，容易的题，只有一个条件，很清楚。而难题会有多个条件，容易把人搞糊涂。比如刚才的题就有两个条件。"

沙僧说："让我想想，一个条件是两个加数的和为 15。"

悟空说："另一个条件是两个加数相差 1。"

八戒说："真的是啊，我的头……有点儿晕！"

唐僧笑了："知道难在哪儿了？别急，只要分步做，就不会晕。第一步，先想办法满足第一个条件——和为 15，我们可以把和为 15 的算式，全都写出来。"

这时沙僧已经拿出本子，写出了算式：

15=0+15=1+14=2+13=3+12=4+11=5+10=6+9=7+8。

唐僧看后点点头，接着说："第二步，再想办法，满足第二个条件——只要检查每个算式，就能找出两个加数差 1 的那个算式。用这个办法，即使题目变一下，让你找出两个加数差 2 或差 3 的算式，你们也能轻松完成！”

三个徒弟一起点头：“还真是这样，只要分步做，难题就变简单了！”

三十五、打开密码箱

学会了分步做题法，三个徒弟要打开箱子，看看里面究竟有多少钱了。可这时，他们却发现：这箱子竟然是个密码箱！

八戒很生气："送人东西还加密码，到底想不想给啊？"

悟空说："我说呢，咱们走了这么远，才有两道关卡，这不正常！上次一座桥，还有三道关卡呢。"

沙僧拿过箱子，仔细查看，突然有了新发现："噢！老天，这里有个说明！"

三人凑上去，看到箱子后有块小

铁牌，上面有一句话：密码中每相邻3个数的和等于11。

再仔细看密码锁，最前面的数是2，最后面的数是5，这两个数是固定的，不能转动。2和5中间有三个钮，这三个钮可以转动以调节数字，每个钮都可以从0转到9。

三个徒弟看了半天，也不知道从哪里下手。唐僧说："徒儿们，别急，把你们的想法都说出来！这样既能帮自己理清思路，也能互相启发。"

八戒说："我先说吧，咱们先看前面，2加上前两个数的和等于11，那前两个数的和就等于9，因为2+9=11。"

悟空说："中间三个数的和，也等于11，又知道前两个数的和是9，那第三个数就是2，因为9+2=11！"

唐僧说："好啊，继续，顺藤摸瓜！"

沙僧说："我也摸个瓜，第二个数和第三个数相加，再加最后的5，等于11，又知道第三个数是2，那第二个数，就只能是4了，因为4+2+5=11！"

八戒说："我也摸个瓜，前两个数的和是9，第一个数就是5，因为5+4=9。"

三人又验算了一遍，都满足条件：每相邻3个数的和是11。于是，他们打开了密码箱！

箱子里有一堆花花绿绿的纸片，三个徒弟不知道这是什么。

“徒儿们，这就是人间的钱，以后咱们就用它吃店住饭了！”唐僧说话时太激动，竟然把吃饭住店，说成了吃店住饭。

三个徒弟一边笑一边把钱收到背包里。忽然他们又看到箱底有三个亮晶晶的圆盘，圆盘有元宵那么大，上面有1~12，还有两根指针在转动。圆盘两端，还拴着皮带。唐僧说：“徒儿们，这是手表，平时戴在手腕上，你们就知道时间了！”

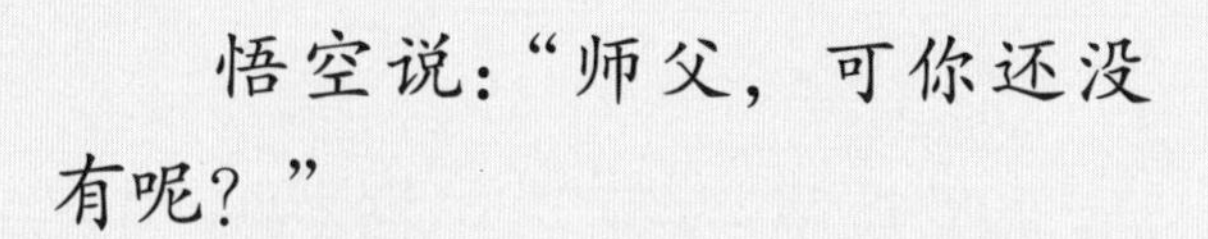

悟空说：“师父，可你还没有呢？”

“我有，我的是怀表。”唐僧从怀里掏出一条金链子，链子上也拴着个圆盘，唐僧按一下上面的按钮，圆盘就开了，里面也有1~12，也有两根指针在转动。

三个徒弟一起说："师父，你藏得好深呀！"

唐僧赶紧说："以前你们不认识数，这怀表就算给你们，你们也看不明白呀！"

悟空说："师父，你这么说太让我伤心了！"

唐僧有些不好意思。这时，沙僧又有了新发现，箱底有一张便条，上面写着：

唐僧、悟空、八戒、沙僧：

你们好！

很高兴你们来到数学世界，这是我的一点儿心意，希望你们尽快前进，我在3号区等你们，我需要你们的帮助！

太上老君

八戒说："怪不得送钱和手表呢，原来他要我们帮忙！"

沙僧把便条翻过来，看到一行小字：

密码箱是我跟如来佛借的，是他设的密码，如果你们打不开箱子，请一定接受我的歉意！

沙僧说："这老君可真糊涂，如果打不开箱子，怎么会看到这些字呢？"

八戒哈哈大笑："等见面时，我好好问问他！"

悟空问："师父，3号区在哪里？我们现在又在哪里？"

唐僧说："我们在 1 号区的中间，等走过 2 号区，就是 3 号区了。"

悟空说："那快走吧！"

八戒说："干吗那么着急？"

悟空说："我就想知道神仙们到底在干什么！"

想知道后面发生了什么事吗？请继续阅读下一册。